ENCYCLOPÉDIE SCIENTIFIQUE

DES

AIDE-MÉMOIRE

PUBLIÉE

SOUS LA DIRECTION DE M. LÉAUTÉ, MEMBRE DE L'INSTITUT

ŒUVRES DE M. BERTHELOT

OUVRAGES GÉNÉRAUX

La Synthèse chimique, 8e édition, 1897, in-8°. Chez Félix Alcan.

Essai de Mécanique chimique, 1879; 2 forts volumes in-8°. Chez Dunod.

Sur la force des matières explosives d'après la thermochimie, 3e édition, 1883; 2 volumes in-8°. Chez Gauthier-Villars.

Traité pratique de Calorimétrie chimique, in-18, 1893. Chez Gauthier-Villars et G. Masson.

Thermochimie : Données et lois numériques, 1898, 3 volumes in-8°. Chez Gauthier-Villars.

Traité élémentaire de Chimie organique, en commun avec M. Jungfleisch, 4e édition, 1899; 2 volumes in-8°. Chez Dunod.

Science et Philosophie, 1886, in-8°. Chez Calmann Lévy.

Les Origines de l'Alchimie, 1885, in-8°. Chez Steinheil.

Collection des anciens Alchimistes grecs, texte et traduction, avec la collaboration de M. Ch.-Em. Ruelle, 1887-1888 : 3 volumes in-4°. Chez Steinheil.

Introduction à l'étude de la Chimie des Anciens et du moyen-âge, 1889, in-4°. Chez Steinheil.

La Révolution chimique, Lavoisier, 1890, in-8°. Chez Félix Alcan.

Histoire des Sciences : La Chimie au moyen-âge, 3 volumes in-4°, 1893; chez Leroux : *Transmission de la science antique; L'Alchimie syriaque; L'Alchimie arabe.*

Science et Morale, in-8°, 1897. Chez Calmann Lévy.

Renan et Berthelot : Correspondance, in-8°, 1898. Chez Calmann Lévy.

LEÇONS PROFESSÉES AU COLLÈGE DE FRANCE

Leçons sur les méthodes générales de Synthèse en Chimie organique, professées en 1864, in-8°. Chez Gauthier Villars.

Leçons sur la thermochimie, professées en 1865. Publiées dans la *Revue des Cours scientifiques*. Chez Germer-Baillière.

Même sujet, en 1880. *Revue scientifique*. Chez Germer-Baillière.

Leçons sur la Synthèse organique et la thermochimie, professées en 1881-1882. *Revue scientifique*. Chez Germer-Baillière.

OUVRAGES ÉPUISÉS

Chimie organique fondée sur la synthèse, 1860; 2 forts volumes in-8°. Chez Mallet-Bachelier.

Leçons sur les principes sucrés, professées devant la Société chimique de Paris en 1862, in-8°. Chez Hachette.

Leçons sur l'isomérie, professées devant la Société chimique de Paris en 1863, in-8°. Chez Hachette.

N° 234 A

ENCYCLOPÉDIE SCIENTIFIQUE DES AIDE-MÉMOIRE

PUBLIÉE SOUS LA DIRECTION

DE M. LÉAUTÉ, MEMBRE DE L'INSTITUT.

CHALEUR ANIMALE

PRINCIPES CHIMIQUES

DE LA

PRODUCTION DE LA CHALEUR

CHEZ LES ÊTRES VIVANTS

II

DONNÉES NUMÉRIQUES

PAR

M. BERTHELOT

Secrétaire perpétuel de l'Académie des Sciences

PARIS

MASSON et Cie, ÉDITEURS, LIBRAIRES DE L'ACADÉMIE DE MÉDECINE, Boulevard Saint-Germain, 120

GAUTHIER-VILLARS, IMPRIMEUR-ÉDITEUR, Quai des Grands-Augustins, 55

OUVRAGES DE L'AUTEUR PARUS
DANS LA COLLECTION DE L'ENCYCLOPÉDIE

I. Traité pratique de Calorimétrie chimique.

II. Chaleur Animale. Principes chimiques de la Production de la Chaleur chez les Êtres vivants. Notions générales.

III. Chaleur Animale. Principes chimiques de la Production de la Chaleur chez les Êtres vivants. Données numériques.

LIVRE SECOND

CHAPITRE PREMIER

CHALEUR DE COMBUSTION DU CARBONE SOUS SES DIFFÉRENTS ÉTATS DIAMANT, GRAPHITE, CARBONE AMORPHE

Les chapitres qui vont suivre sont consacrés aux données numériques fondamentales sur lesquelles repose la thermochimie des êtres vivants, celle de l'homme et des animaux supérieurs en particulier.

En voici l'objet :

Chapitre Ier : Chaleur de combustion du carbone sous ses différents états [1].

---

(1) En commun avec M. Petit.

Chapitre II : Chaleur de combustion et de formation des composés minéraux et des composés carbonés binaires et ternaires non azotés, susceptibles de servir d'aliments, ou de prendre naissance dans l'économie animale. Hydrates de carbone et corps gras.

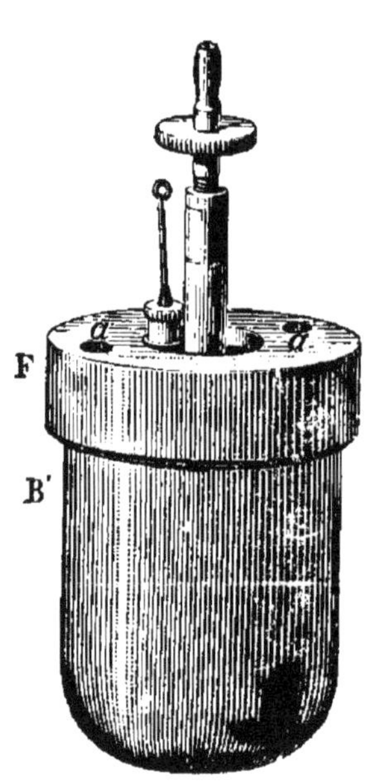

Fig. 1
Bombe calorimétrique.

Chapitre III : Chaleur de combustion et de formation des principes azotés à molécule bien définie, susceptibles d'exister dans l'économie animale et congénères.

Chapitre IV : Chaleur de combustion et de formation des corps albuminoïdes et congénères; leur rôle dans la production de la chaleur animale.

Les données exposées dans ces chapitres ont été déterminées à l'aide de la *bombe calorimétrique*, instrument dont je me borne à reproduire ici les figures. Pour la méthode elle-même et les détails du procédé, je renverrai à mon

Traité pratique de calorimétrie chimique, p. 128 et suivantes [1].

La chaleur de combustion du carbone est l'une des données fondamentales de la Thermochimie; elle l'est par elle-même, et surtout parce que cette chaleur de combustion, jointe à celle de l'hydrogène, permet de calculer les chaleurs de formation des composés organiques depuis les éléments, d'après les principes de calcul développés dans le présent ouvrage. Elle joue un rôle non moins essentiel dans l'évaluation de la chaleur animale.

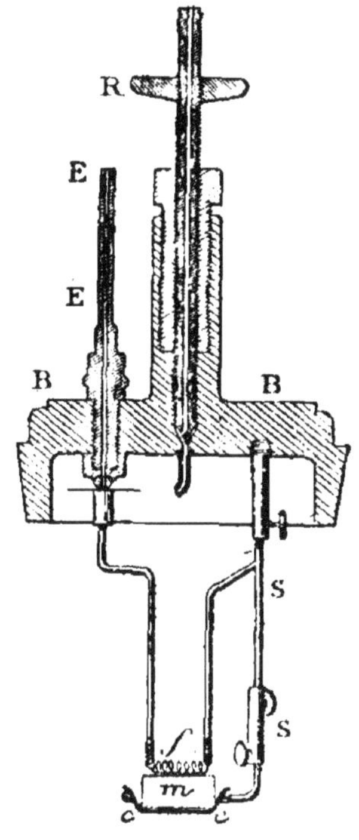

Fig. 2.
Disposition intérieure.

L'existence des états allotropiques multiples du carbone, cristallisés et amorphes, complique ces problèmes, en même temps qu'elle en augmente l'intérêt.

Nous allons donner des mesures précises de la

---

(1) Chez Gauthier-Villars et Masson.

chaleur de combustion du carbone à l'aide des méthodes nouvelles, fondées sur l'emploi de la bombe calorimétrique.

Nous ne nous reporterons pas jusqu'aux lointains essais de Lavoisier et Laplace, ni jusqu'aux chiffres inexacts de Dulong, qui avaient faussé l'évaluation théorique de la chaleur animale, en raison de la production, non soupçonnée d'abord, d'une certaine dose d'oxyde de carbone, dans la combustion de ce dernier élément. Mais il convient de rappeler les expériences plus correctes de Favre et Silbermann (1), lesquelles ont fait foi jusqu'à ce jour et n'avaient été encore reprises par personne avant nous, à cause de la grande difficulté de ce genre de déterminations. Cependant, ces expériences présentent de grandes imperfections. Dans leur exécution, en effet, la formation d'une proportion variable d'oxyde de carbone renfermant de 2 à 35 centièmes du carbone total, la lenteur des combustions, qui duraient jusqu'à quarante-huit minutes, enfin la nécessité de pesées multiples et d'une combustion complémentaire, ont rendu les mesures calorimétriques de ces auteurs extrêmement pénibles : ces circonstances jetaient sur leurs résultats une incertitude

(1) *Ibid.*, 3e série, t. XXXIV, p. 411.

qu'il nous a paru nécessaire d'écarter. La chose est d'autant plus utile qu'il s'agit d'une valeur capitale pour les études purement chimiques, relatives aux composés carbonés, aussi bien que pour les évaluations concernant la chaleur animale. En effet, la chaleur de formation des composés organiques est la différence entre la chaleur de combustion de leurs éléments combustibles, carbone et hydrogène, et celle de la chaleur de combustion du composé.

Or, la chaleur de combustion de l'hydrogène, donnant naissance à une molécule (18 grammes) d'eau, peut être regardée comme fixée à $+ 69^{Cal},0$; d'après la moyenne des expressions faites par un grand nombre d'observateurs (*Thermochimie : Données et lois numériques*; t. II, p. 45); mais la chaleur de combustion du carbone, sous ses différentes formes, n'avait pas été reprise. Voici nos résultats.

En raison de la grande importance du sujet, je donnerai tous les détails des mesures pour trois cas particuliers.

I. CARBONE AMORPHE TIRÉ DU CHARBON DE BOIS

Commençons par le *carbone amorphe*. Nous l'avons préparé avec du charbon de bois, convenablement divisé, et traité successivement par l'acide chlorhydrique bouillant, par l'acide fluorhydrique, par le chlore au rouge blanc, puis calciné dans le four Perrot. Le produit final (séché à 130°) était exempt d'hydrogène ; il renfermait, sur 100 parties : 99,34 de carbone pur et 0,66 de cendres (évaluées par des pesées distinctes).

Voici les analyses :

I. — 0gr,3024 de charbon ont été desséchés à 130°, pesés dans un tube qui avait été chauffé simultanément dans l'étuve, puis bouché ensuite et ce charbon a été brûlé aussitôt, sans avoir été exposé à l'air libre à la température ordinaire même pendant un instant (afin d'éviter toute absorption d'humidité). Ce poids fourni :

CO^2	1gr,1011

soit

C	0, 3003
Cendres.	0, 0020
	0, 3023

II, — 0gr,3085 du même corps ont fourni :

CO^2	1gr,1244

soit

C	0, 3066
Cendres.	0, 0020
	0, 3826

Cela fait en centièmes :

C	99gr,30	99gr,38
Cendres	0, 66	0, 65
	99, 96	100, 03

Un tel charbon, si on le laisse refroidir au contact de l'air libre, attire l'humidité atmosphérique avec une promptitude extraordinaire. Il a suffi de le transporter à découvert, de la balance dans le tube à combustion, pour qu'il ait fixé ainsi, dans deux essais : 3,2 et 2,9 centièmes d'eau. Cette eau, si l'on n'y prenait garde, ferait croire à la présence de l'hydrogène dans le charbon. Elle se reconnaît d'ailleurs aisément à deux circonstances :

1° Un échantillon de charbon, séché à 130° et pesé dans un tube bien clos, puis exposé à l'air, fournit ensuite à l'analyse un poids supérieur à celui du charbon réel. En outre, le poids de l'eau récoltée dans l'analyse, par le tube à ponce sulfurique, est précisément égal au poids de l'eau qu'a fixée le même charbon, refroidi en vase clos, puis laissé au contact de l'air; lequel poids d'eau peut être mesuré directement;

2° Si l'on pèse, au contraire, le charbon au contact de l'air, sans précaution spéciale, le poids de l'eau recueillie dans le tube à ponce sulfurique, pendant la combustion, est précisément égal à l'excès du poids du charbon analysé sur les poids réunis du carbone réel et des cendres trouvés par l'analyse. Ce dernier caractère appartient d'ailleurs aussi aux hydrates de carbone. Mais le charbon calciné ne le présente pas en général.

La combustion du charbon purifié, dans la bombe calorimétrique, au sein de l'oxygène comprimé à 25 atmosphères, s'effectue sans difficulté : elle est totale et instantanée. La mesure calorimétrique proprement dite ne dure que quatre minutes.

Nous avons exécuté 6 déterminations. Voici le détail de ces déterminations :

Combustion du charbon purifié.

Séché à 120-130° jusqu'à poids constant; pesé dans un tube bouché, qu'on a laissé refroidir sous cloche, au-dessus d'un vase renfermant de l'acide sulfurique concentré.

I.

0gr,437 charbon brut ; cendres = 0gr,0028 (0,66 %).
Carbone réel = 0gr,4342.

Période préliminaire.

0 minute .	17°,360	3 minutes.	17°,360
1 // .	17, 360	4 // .	17, 360
2 // .	17, 360		

Combustion.

5 minutes.	18, 600 +	7 minutes.	18, 820 +
6 // .	18, 782 +	8 // .	18, 818 +

Période postérieure.

9 minutes.	18°,810	12 minules.	18°,785
10 // .	18, 802	13 // .	18, 775
11 // .	18, 795	14 // .	18, 770

Refroidissement initial par minute :

$$\Delta t_0 = 0{,}000.$$

Refroidissement final, par minute :

$$\Delta t_n = + 0{,}008.$$

Correction du refroidissement :

$$\Delta t = + 0{,}026.$$

Variation de la température non corrigée :

$$\theta = 18°{,}818 - 17°{,}360 = 1°{,}458.$$

Variation de la température corrigée :

$$T = 1^{\circ},484.$$

Valeur en eau du calorimètre (oxygène compris, etc.):

$$M = 2\,398,4.$$

Poids de l'acide azotique formé :

AzO^3H équivaut à $5^{cc},5 K^2O$ au $\frac{1}{20}$ d'équivalent

Soit l'acide = $0^{gr}.0173$.

Chaleur totale observée		$q_1 =$	$3\,559^{cal},2$
Chaleur dégagée par la combustion du fer	$22^{cal},4$	$q_2 =$	$26,\ 3$
Chaleur dégagée par la formation de AzO^3H étendu .	$3\ ,9$		
Chaleur réelle due à la combustion du carbone			$3\,532,\ 9$

Pour 1 gramme . . . $\frac{3\,532,2}{0,4342} = 8\,136^{cal},6.$

II.

Charbon séché pendant 3 heures, à 120-130°.
$0^{gr},9468$ brut ; cendres = $0^{gr},0063$ (0,66 %).
Carbone réel = $0^{gr},9405$.

Période préliminaire.

0 minute. .	17°,720	3 minutes.	17°,713
1 " . .	17, 717	$4\frac{1}{2}$ " .	17, 710
2 " . .	17, 715		

Combustion.

$5\frac{1}{2}$ minutes.	20°,300+	$7\frac{1}{2}$ minutes.	20°,858+
$6\frac{1}{2}$ // .	20, 800+	$8\frac{1}{2}$ // .	20, 850

Période postérieure.

$9\frac{1}{2}$ minutes.	20°,834	$13\frac{1}{2}$ minutes.	20°,770
$10\frac{1}{2}$ // .	20, 820	$14\frac{1}{2}$ // .	20, 750
$11\frac{1}{2}$ // .	20, 800	$15\frac{1}{2}$ // .	20, 738
$12\frac{1}{2}$ // .	20, 785		

$$\Delta t_0 = +0{,}002, \quad \Delta t_n = +0{,}016,$$
$$\Delta t = +0{,}055.$$
$$\theta = 20°{,}850 - 17°{,}710 = 3°{,}140.$$
$$T = 3°{,}205. \quad M = 2\,398{,}4.$$

AzO^3H équivaut à 13cc,4 K^2O au $\frac{1}{20}$ d'équiv. = 0gr,0422.

Chaleur totale.		$q_1 =$	7 686cal,8
Chaleur de combustion du fer.	22cal,4	$q_2 =$	32, 0
Chaleur due à AzO^3H étendu.	9, 6		
Chaleur réelle due au carbone. . . .		$q =$	7 654, 8

Pour 1 gramme. . . . $\frac{7\,654{,}2}{0{,}9405} = 8\,139^{cal}{,}4.$

III.

Charbon séché 4 heures dans l'étuve, à 120-130°.
0gr,8817 brut; cendres = 0gr,0059 (0,66 $^0/_0$).
Carbone réel = 0gr,8758.

Période préliminaire.

0 minute .	17°,037	3 minutes.	17°,052
1 " .	17, 042	4 " .	17, 057
2 " .	17, 047		

Combustion.

5 minutes.	19°,537+	7 minutes.	20°,000+
6 " .	19, 937+	8 " .	20, 000+

Période postérieure.

9 minutes.	19°,985	14 minutes.	19°,920
10 " .	19, 970	15 " .	19, 915
11 " .	19, 960	16 " .	19, 900
12 " .	19, 947	17 " .	19, 880
13 " .	19, 940		

$$\Delta t_0 = -0{,}005, \quad \Delta t_n = +0{,}013.$$
$$\Delta t = +0{,}041.$$
$$\theta = 20{,}000 - 17{,}057 = 2^\circ{,}943.$$
$$T = 2^\circ{,}984, \quad M = 2\,399{,}8.$$

AzO^3H équivaut à $12^{cc}{,}2$ K^2O au $\frac{1}{20}$ d'équiv. $= 0^{gr}{,}0378$.

Chaleur totale.		$q_1 = 7\,160^{cal}{,}3$
Chaleur due au fer. . . .	$22^{cal}{,}4$	$q_2 = 31{,}0$
Chaleur due à AzO^3H étendu.	8, 6	
Chaleur réelle due au carbone. . .		$q = 7\,129{,}3$

Pour 1 gramme. . . $\frac{7\,129{,}3}{0{,}8758} = 8\,140^{cal}{,}6.$

IV.

Charbon séché 3 heures dans l'étuve, à 130°.
$0^{gr},8466$ brut; cendres = $0^{gr},0056$ (0,66 %).

Carbone réel = $0^{gr},841$.

Période préliminaire.

0 minute .	16°,480	5 minutes.	16°,500
1 " .	16, 482	6 " .	16, 500
2 " .	16, 485	7 " .	16, 505
3 " .	16, 490	8 " .	16, 508
4 " .	16, 495		

Combustion.

9 minutes.	18°,800+	11 minutes.	19°,343+
10 " .	19, 323+	12 " .	19, 343+

Période postérieure.

13 minutes.	19°,333	16 minutes.	19°,303
14 " .	19, 323	17 " .	19, 288
15 " .	19, 313	18 " .	19, 283

$\Delta t_0 = -0,0035, \quad \Delta t_n = +0,010,$

$\Delta t = +0,028.$

$\theta = 19,343 - 16,508 = 2°,835.$

$T = 2^{gr},863, \quad M = 2\,399,8.$

AzO^3H équivaut à $9^{cc},9$ KK^2O au $\frac{1}{20}$ d'équiv. = $0^{gr},0308$.

Chaleur totale.		$q_1 =$	$6\,870^{cal},5$
Fer.	$22^{cal},4$	$q_2 =$	$29.\ 5$
AzO^3H	$7,\ 1$		
Chaleur réelle due au carbone. . .		$q =$	$6\,841,\ 0$

Pour 1 gramme. . . $\frac{6.841}{0,841} = 8\,134^{cal},3.$

V.

Carbone séché 4 heures dans l'étuve, à 130°, $0^{gr},6573$ brut; cendres $= 0^{gr},0044$ (0,66 °/₀).

Carbone réel $= 0^{gr},6529$.

Période préliminaire.

0 minute .	16°,798	3 minutes.	16°,798
1 // .	16, 798	4 // .	16, 798
2 // .	16, 798		

Combustion.

5 minutes.	18°,500+	7 minutes.	19°,880+
6 // .	18, 880+	8 // .	18, 995+

Période postérieure.

9 minutes.	18°,984	12 minutes.	18°,960
10 // .	18, 980	13 // .	18, 950
11 // .	18, 967	14 // .	18, 942

$\Delta t_0 = 0{,}0, \quad \Delta t_n = +\ 0{,}010,$

$\Delta t = +\ 0{,}032.$

$$\theta = 18^\circ,995 - 16,798 = 2^\circ,197.$$
$$T = 2^\circ,229, \quad M = 2\,399,8.$$

AzO^3H équivaut à $14^{cc},8$ K^2O au $\frac{1}{20}$ d'équiv. $= 0^{gr},0466$.

Chaleur totale.		$q_1 =$	$5\,349^{cal},1$
Fer.	$22^{cal},4$	$q_2 =$	$33,\ 1$
AzO^3H	$10,\ 9$		
Chaleur réelle due au carbone. . .		$q =$	$5\,316,\ 0$

Pour 1 gramme. . . $\frac{5\,316}{0,6529} = 8\,141^{cal},8$.

VI.

Charbon séché 5 heures dans l'étuve, à 130°.
$0^{gr},8166$ brut; cendres $= 0^{gr},0053$ (0,66 °/₀).
Carbone réel $= 0^{gr},8113$

Période préliminaire.

0 minute .	16°,960	4 minutes.	16°,978
1 " .	16, 993	5 " .	16, 980
2 " .	16, 970	6 " .	16, 984
0 " .	16, 973	7 " .	16, 988

Combustion.

8 minutes.	19°,100+	10 minutes.	19°,723+
9 " .	19, 693+	11 " .	19, 717+

Période postérieure.

12 minutes.	19°,703	16 minutes.	19°,663
13 " .	19, 693	17 " .	19, 643
14 " .	19, 683	18 " .	19, 637
15 " .	19, 669	19 " .	19, 626

$$\Delta t_0 = -0{,}004, \quad \Delta t_n = +0{,}0115.$$

$$\Delta t = -0^\circ{,}016 + 0^\circ{,}051 = +0^\circ{,}035.$$

$$\theta = 19{,}717 - 16{,}988 = 2^\circ{,}729.$$

$$T = 2^\circ{,}764, \quad M = 2\,399{,}8.$$

AzO^3H équivaut à 19^cc^,2 K^2O au $\frac{1}{20}$ d'équiv. = 0^gr^,0573.

Chaleur totale.		q_1 =	6 633^cal^,0
Fer.	22^cal^,4	q_2 =	35, 3
AzO^3H	12, 9		
Chaleur réelle due au carbone. . . .		q =	6 597, 9

Pour 1 gramme. . . $\frac{6\,597{,}7}{0{,}8113} = 8\,131^{cal}{,}5.$

En résumé, nous avons trouvé, pour le carbone amorphe, préparé au moyen du charbon de bois :

Expériences	Poids du carbone réel brûlé	Chaleur de combustion rapportée à 1 gr.
I	0^gr^,8113	8 131^cal^,5
II	0, 6529	8 141, 8
III	0, 8410	8 134, 3
IV.	0, 8758	8 140, 6
V	0, 9405	8 139, 4
VI.	0, 4242	8 136, 6
Moyenne.		8 137^cal^,4

Cela fait pour

$C(= 12^{gr}$ carbone amorphe) $+ O^2 = CO^2 : + 97^{Cal},65$.

Ce nombre est le même à pression constante et à volume constant.

Fabre et Silbermann avaient trouvé en moyenne :

Pour 1 gramme d'un carbone analogue : 8 080 calories.

Soit pour $C = 12^{gr} : + 96^{Cal},96$.

L'écart avec notre chiffre est de 7 millièmes environ. Étant donnée la complication de leurs mesures, il est surprenant qu'il ne soit pas plus élevé.

II. GRAPHITE CRISTALLISÉ

Nous avons employé du graphite cristallisé, provenant de la fabrication de la fonte de fer, et dont M. Güntz avait eu l'obligeance de nous procurer 1 kilogramme. Il a été purifié par des traitements réitérés au moyen de l'acide chlorhydrique ; puis lavé et séché à l'étuve. Son analyse, dans cet état, a fourni, sur 100 parties :

C	99.79
Cendres	0,21
Hydrogène	0,02

Par exemple : 0gr,7919 de ce graphite ont fourni

CO^2	2gr,8978

c'est-à-dire

C	0, 7902
Cendres	0, 0017
Eau	0, 0016

Voici les données des deux expériences préliminaires, faites avec le graphite décrit ci-dessus, avec le concours de la naphtaline destinée à l'allumer, ainsi qu'il sera dit tout à l'heure. Dans la combustion, il a été tenu compte non seulement des cendres, mais des écailles de graphite non brûlées, qui subsistent parfois.

I.

Graphite.

Graphite brut	0gr,8466
Naphtaline	0, 2085
Graphite réel brûlé . . .	0, 8441

Période préliminaire.

0 minute .	10°,200	3 minutes.	10°,200
1 " .	10, 200	4 " .	10, 200
2 " .	10, 200		

Combustion.

5 minutes.	12°,100+	8 minutes.	13°,785+
6 " .	13, 580+	9 " .	13, 777+
7 " .	13, 770+		

Période postérieure.

10 minutes.	13°,700	13 minutes.	13°,710
11 " .	13, 743	14 " .	13, 691
12 " .	13, 725		

$$\Delta t_0 = 0{,}00, \quad \Delta t_n = +\ 0{,}017,$$

$$\Delta t = +\ 0{,}0678.$$

$$\theta = 13^\circ{,}777 - 10{,}200 = 3^\circ{,}577.$$

$$T = 3^\circ{,}6448, \quad M = 2\ 398{,}4.$$

AzO^3H équivaut à $8^{cc},3$ K^2O au $\frac{1}{20}$ d'équiv. = $0^{gr},0258$.

Chaleur totale		$q_1 = 8\ 742^{cal},0$
" due au fer. . .	$22^{cal},4$	
" à la naphtaline	2 022, 45	$q_2 = 2\ 050,\ 7$
" à l'ac. AzO^3H étendu	5, 86	
Chaleur réelle due au carbone. . . .		$q = 6\ 191^{cal},3$

Pour 1 gramme. . . $\frac{6\ 691{,}3}{0{,}8441} = 7\ 929^{cal},1.$

II.

Graphite brut	$0^{gr},7911$
Naphtaline	0, 139
Graphite réel brûlé . . .	0, 7846

Période préliminaire.

0 minute .	10°,590	3 minutes.	10°,590
1 // .	10, 592	4 // .	10, 600
2 // .	10, 595		

Combustion.

5 minutes.	12°,000+	7 minutes.	13°,700+
6 // .	13, 460+	8 // .	13, 720+

Période consécutive.

9 minutes.	13°,709	12 minutes.	13°,678
10 // .	13, 700	13 // .	13, 670
11 // .	13, 685	14 // .	13, 660

$$\Delta t_0 = -0{,}0025, \quad \Delta t_n = +0{,}010,$$
$$\Delta t = -0{,}01 + 0{,}036, \quad \Delta t = +0{,}026.$$
$$\theta = 13°{,}720 - 10{,}600 = 3°{,}120.$$
$$T = 3°{,}146, \quad M = 1\,398{,}4.$$

AzO^3H équivaut à 9^cc^ K^2O au $\frac{1}{20}$ d'équiv. = 0gr,0283.

Chaleur totale.		$q_1 = 7\,545^{cal},3$
// due au fer. . .	22cal,4	
// à la naphtaline. . . .	1 348, 3	$q_2 = 1\,377,\ 1$
// à l'ac. AzO^3H étendu	6, 4	
Chaleur réelle due au carbone. . .		$q = 6\,168^{cal},2$

Pour 1 gramme. . . $\frac{6\,168{,}2}{0{,}7846} = 7\,863^{cal},2.$

D'après ces deux mesures, la combustion de ce graphite a fourni, pour 1 gramme de carbone réel (2 expériences) : $7\,894^{cal},4$.

Les combustions calorimétriques ont été exécutées avec le concours d'un poids auxiliaire de naphtaline, destiné à en produire l'inflammation.

En effet, comme la petite spirale de fer incandescente ne suffisait pas pour enflammer le graphite, nous avons dû le mélanger avec un corps plus aisément combustible : nous avons choisi la naphtaline, composé dont la chaleur de combustion, déterminée par la même méthode dans quatre séries d'expériences, faites par trois groupes d'opérateurs différents et avec trois instruments distincts, peut être regardée comme connue avec une très grande exactitude [1]. Pour 1 gramme, elle s'élève à $9\,692^{cal},1$ à volume constant. Le poids de ce combustible auxiliaire a varié du tiers au cinquième de celui du graphite.

Dans ce but, après avoir pesé le graphite sur la lame de platine percée de petits trous et emboutie, qui lui sert de support pendant la combustion, on y ajoute un peu de naphtaline : on chauffe légèrement pour la fondre et la répartir dans la masse du graphite, auquel elle forme

---

(1) *Annales de Chimie et de Physique*, 6e série, t. XIII, p. 303 et 306.

enduit. On pèse de nouveau, après refroidissement, pour avoir le poids exact de la naphtaline additionnelle. Puis on procède à la combustion.

Celle-ci ne brûle pas toujours complètement le graphite; il en reste parfois des écailles, représentant quelques milligrammes au plus, que l'on pèse avec soin après la combustion. La lame de platine doit ensuite reproduire un poids identique au poids initial : ce que l'on a pris soin de vérifier très exactement après chaque combustion. Parfois, cette lame retient à sa surface quelques petits globules de fer magnétique, qu'il convient de détacher, avant de faire cette vérification.

Le graphite précédent semblant conserver encore un peu d'hydrogène, nous avons cru utile, pour plus d'exactitude, de le chauffer au rouge un instant en présence de l'air : ce qui l'a débarrassé, en effet, de la trace d'hydrogène qu'il retenait jusque-là; une sorte de pétillement de la matière en accompagne le départ. Le graphite purifié a été ensuite brûlé dans la bombe calorimétrique, toujours avec le concours de la naphtaline.

Voici le détail de ces déterminations :

I.

Graphite.

Naphtaline. . . . . $0^{gr},2651$
Graphite réel brûlé . . . 0, 9716

Période préliminaire.

0 minute .	$10^{\circ},265$	2 minutes.	$10^{\circ},265$
1 // .	10, 265	3 // .	10, 265

Combustion.

4 minutes.	$10^{\circ},265+$	7 minutes.	$14^{\circ},460+$
5 // .	12, 250+	8 // .	14, 505+
6 // .	14, 180+		

Période consécutive.

9 minutes.	$14^{\circ},487$	12 minutes.	$14^{\circ},425$
10 // .	14, 465	13 // .	14, 405
11 // .	14, 445		

$$\Delta t_0 = 0, \quad \Delta t_n = +\ 0{,}020,$$
$$\Delta t = +\ 0{,}058.$$
$$\theta = 14^{\circ},505 - 10^{\circ},265 = 4^{\circ},240.$$
$$T = 4^{\circ},298, \quad M = 2\,398{,}4.$$

AzO^3H équivaut à 7^{cc} K^2O au $\frac{1}{20}$ d'équiv. $= 0^{gr},022$.

Chaleur totale.		$q_1 = 10284^{\text{Cal}},7$
Fer.	$22^{\text{cal}},4$	
Naphtaline	2 571, 5	$q_2 = 2598,9$
AzO^3H étendu.	5	
Chaleur réelle due au carbone . . .		$q = 7685^{\text{Cal}},8$

Pour 1 gramme. . . $\frac{7\,685,8}{0,9716} = 9\,710^{\text{cal}},4$.

II.

$0^{\text{gr}},4882$ graphite.
0, 0918 naphtaline.
Pas de résidu de graphite après la combustion.
Cendres, 0,21 %.
Graphite réel brûlé $= 0^{\text{gr}},4872$.

Période préliminaire.

0 minute .	10°,340	2 minutes.	10°,340
1 " .	10, 340	3 " .	10, 340

Combustion.

4 minutes.	11°,500+	6 minutes.	12°,295+
5 " .	12, 210+	7 " .	12, 300+

Période consécutive.

8 minutes.	12°,292	11 minutes.	12°,265
9 " .	12, 283	12 " .	11, 250
10 " .	12, 275	13 " .	11, 255
14 " .	11, 242		

$$\Delta t_0 = 0{,}0, \quad \Delta t_n = + 0{,}0085.$$

$$\Delta t = - 0{,}00262.$$

$$\theta = 12{,}300 - 10{,}340 = 1^\circ{,}960.$$

$$T = 1^\circ{,}9862, \quad M = 2\,398{,}4.$$

AzO^3H équivaut à $5^{cc}{,}1$ K^2O au $\frac{1}{20}$ d'équiv. $= 0^{gr}{,}0157$.

Chaleur totale		$q_1 = 4\,763^{cal}{,}7$
Fer.	$22^{cal}{,}4$	
Naphtaline	$890{,}\ 5$	$q_2 = 916{,}\ 5$
AzO^3H étendu	$3{,}\ 6$	
Chaleur réelle due au carbone		$q = 3\,847^{cal}{,}2$

Pour 1 gramme. . . $\frac{3\,847{,}2}{0{,}4872} = 7\,896^{cal}{,}5.$

$0^{gr}{,}8654$ graphite brut.
$0{,}\ 1801$ naphtaline.

Graphite réel brûlé (par la perte de poids) $= 0^{gr}{,}8626$.

Graphite non brûlé $= 0^{gr}{,}0010$.

Vérification		
	Graphite brut	$0^{gr}{,}8654$
	A déduire (cendres)	$0{,}\ 0018$
	Non brûlé (pesé séparément)	$0{,}\ 0010$

Le poids de la capsule de platine a été retrouvé identique.

Période préliminaire.

0 minute	$10^\circ{,}880$	3 minutes	$10^\circ{,}880$
1 "	10, 880	4 "	10, 880
2 "	10, 880		

Combustion.

5 minutes.	13°,300+	8 minutes.	14°,412+
6 " .	14, 320+	9 " .	14, 400+
7 " .	14, 405+		

Période consécutive.

10 minutes.	14°,380	14 minutes.	14°,320
11 " .	14, 360	15 " .	13, 304
12 " .	14, 345	16 " .	14, 290
13 " .	14, 328		

$$\Delta t_0 = 0,0, \quad \Delta t_n = +\ 0,015,$$

$$\Delta t = +\ 0,0637.$$

$$\theta = 14,400 - 10,880 = 3°,520.$$

$$T = 3°,5837; \quad M = 2\ 398,4.$$

AzO^3H équivaut à 11^cc^,8 K^2O au $\frac{1}{20}$ d'équiv. = 0gr,0376.

Chaleur totale.		q_1 = 8 595cal,0
Fer.	22cal,4	
Naphtaline	174, 7	q_2 = 1 777, 0
AzO^3H étendu	8, 4	
Chaleur réelle due au carhone. . .		q = 6 817cal,2

Pour 1 gramme. . . $\frac{6\ 817,2}{0,8626} = 7\ 900^{cc},6.$

IV.

0gr,6785 graphite brut.
0, 1517 naphtaline.
Graphite réel brûlé = 0gr,677.
Poids de la capsule vérifié après combustion.

Période préliminaire.

0 minute .	10°,165	2 minutes.	10°,175
1 // .	10, 170	3 // .	10, 180

Combustion.

4 minutes.	12°,800+	6 minutes.	13°,980+
5 // .	13, 800+	7 // .	14, 010+

Période consécutive.

8 minutes.	14°,000	11 minutes.	13°,970
9 // .	13, 990	12 // .	13, 960
10 // .	13, 985	13 // .	13, 950

$$\Delta t_0 = -0{,}005, \quad \Delta t_n = +0{,}010,$$

$$\Delta t = -0{,}0452 = +0{,}020 + 0{,}0252.$$

$$\theta = 14^\circ{,}010 - 10^\circ{,}180 = 2^\circ{,}838.$$

$$T = 2^\circ{,}8552, \quad M = 2\,398{,}4.$$

AzO^3H équivaut à $6^{cc},2$ K^2O au $\frac{1}{20}$ d'équiv. $= 0^{gr},021$.

Chaleur totale		$q_1 = 6847^{cal},3$
Fer	$22^{cal},4$	
Naphtaline	1471, 5	$q_2 = 1498,\ 6$
AzO^3H étendu	4	
Chaleur réelle due au carbone . .		$q = 5348,\ 7$

Pour 1^{gr}. . . . $\dfrac{5348.7}{0{,}677} = 7900^{cal},6.$

V

$0^{gr},7944$ graphite brut.
0, 2024 naphtaline.
Graphite réel brûlé (par la perte de poids) = $0^{gr},7913$.
Non brûlé = $0^{gr},0014$.

Vérification	Graphite brûlé	0,7913
	Cendres	0,0017
	Graphite non brûlé . . .	0,0014
		0,7944

Poids de la capsule de platine retrouvé identique.

Période préliminaire

0 minute .	10°,095	3e minute.	11°,000
1 // .	11, 000	4 // .	11, 000
2 // .	11, 000	5 // .	11, 000

Combustion

6e minute.	13°,000 +	8e minute.	14°,380 +
7 // .	14, 200 +	9 // .	14, 400 +

Période consécutive

10e minute.	14°,385	13e minute.	14°,350
11 // .	14, 375	14 // .	14, 538
12 // .	14, 362		

$\Delta t_0 = 0,\quad \Delta t_n = +\ 0{,}0125,$

$\Delta t = +\ 0{,}038,$

$$\theta = 14^\circ,400 - 11^\circ,000 = 3^\circ,400.$$

$$T = 3^\circ,438, \qquad M = 2398,4.$$

AzO^3H équivaut à 11^{cc}, $4K^2O$ au $\frac{1}{20}$ d'équiv. $= 0^{gr},0359$.

Chaleur totale		$q_1 = 8246^{cal}$
Fer.	$22^{cal},4$	
Naphtaline	1963, 8	$q_2 = 1993, 8$
AzO^3H étendu.	8, 1	
Chaleur réelle due au carbone . .		$q = 6252, 2$

Pour 1^{gr}. . . . $\frac{6252,2}{0,7913} = 7900^{cal},9$.

Voici le résumé des déterminations exécutées sur le graphite :

Poids du carbone graphite (1)		Chaleur de combustion rapportée à 1 gramme
I.	$0^{gr},9716$	$7910^{cal},4$
II	0, 4872	7896, 5
III	0, 8626	7900, 6
IV	0, 6770	7900, 6
V	0, 7913	7900, 9
Moyenne.		$7901^{cal},2$

(1) Cendres déduites.

Les écarts extrêmes s'élèvent à moins de 2 millièmes.

On tire de là, pour

$$C(=21^{gr}\ \text{graphite cristallisé}) + O^2 = CO^2 : + 94^{Cal},81$$

Favre et Silbermann ont trouvé, en moyenne, pour 1 gramme de graphite de deux origines différentes : 7796^{cal} et 7762^{cal} ;

Soit pour $C = 12^{gr}$: $93^{Cal},55$ et $93^{\ l},14$.

L'écart de ces chiffres et de nos mesures s'élève, pour le nombre extrême, à près de 2 centièmes. Ces auteurs avaient employé comme combustible auxiliaire du charbon de bois, formant le tiers du poids du graphite.

III. DIAMANT

Nous attachions une grande importance à mesurer la chaleur de combustion du diamant, à cause de l'intérêt théorique qui s'attache à cette forme du carbone cristallisé, si différente des deux autres par la plupart de ses caractères. Mais son prix élevé rend les essais de ce genre extrêmement coûteux. Nous avons opéré ainsi sur le diamant cristallisé (du Cap) et sur le diamant noir, non clivable, qui porte le nom de *bort*.

La combustion du diamant s'est effectuée sans difficulté, en opérant sur des fragments concassés et associés à une dose de naphtaline, qui a varié entre 11 et 16 centièmes du poids du diamant, c'est-à-dire qu'elle a été bien moindre qu'avec le graphite. Les cendres de ce diamant s'élevaient à 0,12 pour 100.

Voici les données numériques :

I

Diamant du Cap. — Concassé en menus morceaux au mortier d'acier, puis lavé à l'acide chlorhydrique, lavé à l'eau pure et finalement lavé et séché. On l'a brûlé avec le concours d'un peu de naphtaline, sur une plaque de platine emboutie et perforée de petits trous. On a employé

0gr,8816 diamant brut,
0, 1168 naphtaline.

Après combustion, on a pesé la plaque, sur laquelle se trouvait un peu de diamant non brûlé et les cendres de la portion brûlée. On a obtenu ainsi un excès de poids :

Résidu (diamant non brûlé et cendres). . 0gr,0230

On a déduit cet excès du poids du diamant initial. Puis on a détaché ce résidu et on a vérifié que la plaque reprenait son poids initial ; elle ne retenait pas de globule d'oxyde de fer incrusté, provenant de la combustion du fil métallique. En définitive, on a trouvé :

Diamant brûlé = $0^{gr},8586$.

Période préliminaire

0 minute.	$16^{o},280$	3e minute.	$16^{o},287$
1 " .	16, 282	4 " .	16, 288
2 " .	16, 285	5 " .	16, 290

Combustion

6e minute.	$17^{o},400$ +	8e minute.	$19^{o},500$ +
7 " .	18, 700 +	9 " .	19, 553 +

Période consécutive

10e minute.	$19^{o},540$	13e minute.	$19^{o},500$
11 " .	19, 525	14 " .	19, 490
12 " .	19, 515	15 " .	19, 475

$$\Delta t_0 = -0,002, \qquad \Delta t_n = +0,013,$$

$$\Delta t = -0,008 + 0,039 = +0,031.$$

$$\theta = 19^{o},553 - 16,290 = 3^{o},263.$$

$$T = 3^{o},294, \qquad M = 2399,6.$$

AzO^3H équivaut à $8^{cc},8K^2O$ au $\frac{1}{20}$ d'équiv. = $0^{gr},028$.

Chaleur totale		$q_1 = 7904^{cal},6$
Fer	$22^{cal},4$	
Naphtaline	1133, 0	$q_2 = 1161,\ 6$
AzO^3H étendu . . .	6, 2	
Chaleur réelle due au carbone .		$q = 6743$

Pour 1^{gr}. . . . $\frac{6743}{0,8586} = 7853^{cal},6$

II

0gr,3785 diamant brut,
0, 0409 naphtaline.
Résidu (diamant non brûlé et cendres). . 0gr,0121
Diamant brûlé = 0,3754.

Période préliminaire

0 minute.	15°,545	3e minute.	15°,555
1 // .	15, 548	4 // .	15, 558
2 // .	15, 552	5 // .	15, 562

Combustion

6e minute.	16°,100 +	8e minute.	16°,940 +
7 // .	16, 800 +	9 // .	16, 956 +

Période consécutive

10e minute.	16°,950	13e minute.	16°,935
11 // .	16, 943	14 // .	16, 927
12 // .	16, 940	15 // .	16, 920

$\Delta t_0 = -0{,}0034$, $\Delta t_n = +0{,}006$,

$\Delta t = -0{,}0136 + 0{,}0263 = +0{,}0127$.

$\theta = 16°{,}956 - 15°{,}562 = 1°{,}394$,

$T = 1°{,}4067$, $M = 2398{,}4$.

AzO^3H équivaut à 3cc,4 K^2O au $\frac{1}{20}$ d'équiv. = 0gr,0107.

Chaleur totale		$q_1 = 3372^{cal},8$
Fer	$22^{cal},4$	
Naphtaline	396, 7	$q_2 = 421,\ 5$
AzO^3H étendu	2, 4	
Chaleur réelle due au carbone .		$q = 2951,\ 3$

Pour 1^{gr}. . . . $\dfrac{2951,3}{0,3754} = 7861^{cal},4$.

III

Diamant brut	$0^{gr},7295$
Naphtaline	0, 1315
Résidu (diamant non brûlé et cendres)*.	0, 0137

* Diamant brûlé $= 0^{gr},7158$.

Période préliminaire

0 minute .	16°,485	3e minute.	16°,485
1 // .	16, 485	4 // .	16, 485
2 // .	16, 485	5 // .	16, 485

Combustion

6e minute.	17°,700 +	8e minute.	19°,310 +
7 // .	18, 800 +	9 // .	19, 345 +

Période consécutive

10e minute.	19°,335	13e minute.	19°,305
11 // .	19, 325	14 // .	19, 295
12 // .	19, 315	15 // .	19, 285

$$\Delta t_0 = 0{,}0, \qquad \Delta t_n = +\ 0{,}010,$$

$$\Delta t = +\ 0{,}027.$$

$$\theta = 19{,}345 - 16{,}485 = 2^{\circ}{,}860,$$

$$T = 2^{\circ}{,}807, \qquad M = 2399{,}6.$$

AzO^3H équivaut à $5^{cc},4 K^2O$ au $\frac{1}{20}$ d'équiv. $= 0^{gr},0107$.

Chaleur totale		$q_1 = 6928^{cal},0$
Fer	$22^{cal},4$	
Naphtaline	$1275,\ 6$	$q_2 = 1300,\ 4$
AzO^3H étendu . . .	$3,\ 7$	
Chaleur réelle due au carbone .		$q_2 = 5627,\ 6$

Pour 1^{gr}. . . . . . . $\frac{5627{,}6}{0{,}7158} = 7862^{cal},2$.

IV

Diamant brut	$0^{gr},8300$
Naphtaline	$0,\ 1264$
Résidu.	$10,\ 070$

Diamant brûlé $= 0^{gr},8138$.

Période préliminaire

0 minute .	$15^{\circ},900$	3e minute.	$15^{\circ},902$
1 » .	15, 900	4 » .	15, 905
2 » .	15, 902	5 » .	15, 905

Combustion

6e minute.	$16^{\circ},700$ +	8e minute.	$18^{\circ},700$ +
7 » .	17, 800 +	9 » .	19, 067 +

Période consécutive

10e minute.	19°,055	14e minute.	19°,010
11 // .	19, 045	15 // .	18, 995
12 // .	19, 034	16 // .	18, 982
13 // .	19, 020		

$$\Delta t_0 = -0{,}001, \qquad \Delta t_n = +0{,}012,$$

$$\Delta t = -0{,}004 + 0{,}029 = +0{,}025.$$

$$\theta = 19°{,}067 - 15°{,}905 = 13°{,}162,$$

$$T = 3°{,}187, \qquad M = 2399\ 6.$$

AzO^3H équivaut à $5^{cc},4K^2O$ au $\frac{1}{20}$ d'équiv. = 0gr,017.

Chaleur totale . . . . $q_1 = 7647^{cal},8$

Fer 22cal,4
Naphtaline 1226, 1
AzO^3H étendu . . . 3, 7
} $q_2 = 1252,\ 2$

Chaleur réelle due au carbone. . $q = 6395,\ 6$

Pour 1gr. 7858cal,8

En résumé, nous avons obtenu avec le diamant cristallisé :

Poids du carbone diamant	Chaleur de combustion rapportée à 1 gramme
0gr,8586	7853cal,6
0, 3754	7861, 4
0, 7158	7862, 2
0, 8138	7858, 8
Moyenne.	7859cal,0

Les résultats extrêmes ne s'écartent que d'un millième. On tire de là

$$C(= 12^{gr} \text{ carbone diamant}) + O^2 = CO^2. \quad 94^{Cal},31$$

Deux expériences ont été faites avec le diamant bort. En voici les données :

I

Diamant bort

Diamant bort	$0^{gr},4220$
Naphtaline	0, 1171
Résidu.	0, 0017

Diamant réel brûlé $= 0^{gr},4203$.

Période préliminaire

0 minute .	$15^{o},340$	3e minute.	$15^{o},340$
1 // .	15, 340	4 // .	15, 340
2 // .	15, 340		

Combustion

5e minute.	$16^{o},300$ +	7e minute.	$17^{o},158$ +
6 // .	16, 820 +	8 // .	17, 179 +

Période consécutive

9e minute.	$17^{o},170$	13e minute.	$17^{o},143$
10 // .	17, 170	14 // .	17, 125
11 // .	17, 152	15 // .	17, 115
12 // .	17, 143		

$$\Delta t_0 = 0{,}0, \qquad \Delta t_n = +\ 0{,}009,$$

$$\Delta t = +\ 0{,}024.$$

$$\theta = 17^\circ{,}179 - 15^\circ{,}340 = 1^\circ{,}839.$$

$$T = 1^\circ{,}863, \qquad M = 2398{,}4.$$

AzO^3H équivaut à $6^{cc}{,}2K^2O$ au $\frac{1}{20}$ d'équiv. $= 0^{gr}{,}0195$.

Chaleur totale		$q_1 = 4468^{cal}{,}2$
Fer	$22^{cal}{,}4$	
Naphtaline	1135, 9	$q_2 = 1162,\ 6$
AzO^3H étendu . . .	4, 3	
Chaleur réelle due au carbone .		$q = 3305^{cal}{,}6$

Pour 1^{gr}. . . . $\frac{3305{,}6}{0{,}4203} = 7864^{cal}{,}7$.

II

Diamant bort	$0^{gr}{,}5023$
Naphtaline	0, 1088
Résidu.	0, 0066

Diamant réel brûlé $= 0^{gr}{,}4957$.

Période préliminaire

0 minute .	$15^\circ{,}490$	3e minute.	$15^\circ{,}498$
1 // .	15, 490	4 // .	15, 500
2 // .	15, 495		

Combustion

5e minute.	$16^\circ{,}400$ +	7e minute.	$17^\circ{,}540$ +
6 // .	17, 400 +	8 // .	17, 550 +

Période consécutive

9ᵉ minute.	17°,540	12ᵉ minute.	17°,510
10 // .	17, 530	13 // .	17, 500
11 // .	17, 520		

$\Delta t_0 = -0{,}0025, \qquad \Delta t_n = +0{,}010,$

$\Delta t = -0{,}01 + 0{,}036,$

$\Delta t = +0{,}026.$

$\theta = 17°{,}550 - 15°{,}500 = 2°{,}050.$

$T = 2°{,}076 \qquad M = 2398{,}4.$

AzO^3H équivaut à $9^{cc},2K^2O$ au $\frac{1}{20}$ d'équiv. $= 0^{gr},029$.

Chaleur totale		$q_1 = 4979^{cal},0$
Fer	$22^{cal},4$	
Naphtaline	1055, 3	$q_2 = 1084,\ 3$
AzO^3H	6, 6	
Chaleur réelle due au carbone .		$q = 3894^{cal},7$

Pour 1^{gr}. . . . $\frac{3894{,}7}{0{,}4957} = 7857{,}1.$

En résumé, nous avons obtenu pour le bort :

Poids du carbone diamant bort	Chaleur de combustion pour 1 gramme
$0^{gr},4203$	$7864^{cal},7$
0, 4957	7857, 1
	$7860^{cal},9$
Pour C + 12^{gr}.	$94^{Cal},34$

C'est le même chiffre sensiblement que pour le diamant ordinaire.

Favre et Silbermann ont fait seulement deux combustions, avec 2 grammes de diamant en tout, mêlé avec $1^{gr},5$ de charbon : ce qui diminue beaucoup la précision. Ils ont trouvé pour 1 gramme : 7770^{cal} et 7878^{cal}. Ils ont préféré le premier chiffre, seul reproduit dans leur Tableau final et qui conduit, pour C = 12 grammes, à $93^{Cal},24$. Mais ces résultats étaient insuffisants.

Le tableau suivant résume nos propres résultats :

Variétés	Chaleur moléculaire de combustion (pour 12 grammes)
Carbone amorphe	$97^{Cal},65$
Graphite cristallisé. . . .	94, 81
Diamant.	94, 31

Ces trois variétés fournissent donc des résultats différents : l'écart surpasse $3^{Cal},24$, ou 3 centièmes, pour le carbone amorphe ; il est d'un demi-centième pour le graphite. Telle est la chaleur qui se dégagerait, si l'on ramenait ces deux variétés à l'état de diamant. Les valeurs anciennes adoptées jusqu'ici pour la chaleur de combustion du carbone doivent donc être augmentées dans une proportion très sensible, laquelle modifie les calculs relatifs à la chaleur animale, et accroît en même temps les chaleurs de formation de tous les composés organiques depuis leurs éléments, spécialement depuis le carbone amorphe, telles qu'elles ont été calculées jusqu'à ce jour.

CHAPITRE II

—

CHALEUR DE COMBUSTION ET DE FORMATION DES COMPOSÉS MINÉRAUX ET DES COMPOSÉS CARBONÉS BINAIRES ET TERNAIRES NON AZOTÉS, SUSCEPTIBLES DE SERVIR D'ALIMENTS OU DE PRENDRE NAISSANCE DANS L'ÉCONOMIE ANIMALE : HYDRATES DE CARBONE ET CORPS GRAS

La chaleur animale est produite par les métamorphoses et par l'oxydation des matières alimentaires, spécialement des trois groupes fondamentaux : corps gras, hydrates de carbone et composés albuminoïdes. Pour en définir l'origine et le développement, il est donc nécessaire de connaître la chaleur dégagée par chacune de ces métamorphoses en particulier, chaleur qui se déduit elle-même, suivant les principes de la Thermochimie, de la connaissance des chaleurs de combustion et de formation des divers principes contenus dans les éléments et dans l'économie humaine. C'est dire assez quelle importance présente la détermination de ces chaleurs de combustion.

Les nouvelles méthodes que j'ai employées à cet effet, et spécialement l'emploi de la bombe calorimétrique, ont permis de l'aborder d'une façon générale, et pour des corps qui échappaient pour la plupart, en raison de leur fixité et de leur difficile inflammabilité, aux anciennes méthodes fondées sur l'emploi de l'oxygène libre.

L'emploi du chlorate de potasse, à l'aide duquel on avait essayé de tourner la difficulté, n'avait fourni que des résultats trop imparfaits pour pouvoir servir de base à des déductions exactes.

Au contraire, l'oxygène, comprimé à 25 atmosphères dans mes nouveaux appareils, ne souffre aucune exception et donne lieu aux mesures les plus précises. Dès à présent, les chaleurs de formation et de combustion des divers composés organiques, et en particulier celles des hydrates de carbone et des principaux corps gras, ainsi que celles des principes azotés et albuminoïdes mis en œuvre dans les organismes animaux ont été déterminées exactement depuis vingt ans, en grande partie dans mon laboratoire et par mes élèves et amis. Divers chimistes allemands et russes, spécialement Stohmann, sont venus, avec un zèle qui les honore, étudier à Paris la bombe calorimétrique, et ils ont apporté un contingent considérable à cette œuvre capitale. Je me propose de donner ici des tableaux résumant les principales données, utiles à connaître pour l'ordre d'études envisagé dans le présent ouvrage. Je commencerai par les principes ternaires oxygénés; puis je traiterai les corps azotés, amides, nitriles, albuminoïdes, dans une série de chapitres spéciaux.

Dans le présent chapitre, je donnerai donc les tableaux des chaleurs de combustion et des chaleurs de formation des principes formés de carbone, d'hydrogène et d'oxygène, susceptibles de se rencontrer parmi les aliments; ou bien d'être introduits ou formés au sein de l'économie, dans des conditions usuelles. Je les ferai précéder de quelques données plus générales, qui se retrouvent non moins fréquemment, soit dans la théorie, soit dans la pratique, pendant les études de chimie physiologique.

J'ajouterai que les chiffres qui vont être présentés sont tirés de mon ouvrage intitulé : *Ther-*

mochimie : Données et lois numériques [1], ouvrage où l'on indique comment ils ont été obtenus directement, ou déduits de données expérimentales.

J'y ai ajouté quelques données.

Toutes les chaleurs de formation des composés organiques sont calculées depuis le carbone, pris à l'état de diamant. Elles seraient accrues de $+ 3^{Cal},34$ par atome de carbone ($C = 12^{gr}$), si l'on partait du carbone amorphe.

On les présentera à la fois pour les corps isolés et pour les corps dissous, condition qui est celle d'un grand nombre de composés contenus dans les liquides organiques.

On transcrira également les chaleurs de combustion, à la fois pour le cas où l'acide carbonique se dégage à l'état de gaz, et pour le cas, réalisé transitoirement dans l'économie, où il demeure dissous : ce qui dégage en plus $+ 5^{Cal},6$ par molécule de CO^2, soit 44 grammes.

La Calorie ici employée exprime la quantité de chaleur capable d'élever d'un degré 1 kilogramme d'eau, pris à 15°.

---

(1) 2 Volumes in-8°, chez Gauthier-Villars, 1897.

DONNÉES GÉNÉRALES

Formation de l'*eau*, H^2O (18 grammes)

$H^2 + O = H^2O$ liquide, à 15°	+	$69^{Cal},0$
// H^2O gazeuse, à 15°	+	58, 3
// H^2O solide, à 0°	+	70, 4

Eau oxygénée, H^2O^2 (34 grammes)

H^2O liquide $+ O = H^2O^2$ dissoute . . .	—	21, 7

Ozone, Oz (48 grammes)

3O = Oz (gaz).	—	30, 7

Les combustions produites par l'ozone, dégagent $+ 30^{Cal},7$ de plus que l'oxygène libre. Elles peuvent se produire de deux manières : tantôt en utilisant les trois atomes d'oxygène ; tantôt en utilisant un seul atome d'oxygène, les deux autres atomes devenant libres. Mais l'excès thermique demeure le même.

Hydrogène sulfuré, H^2S (34 grammes)

Formation : $H^2 + S$ solide $= H^2S$ gaz . .	+	4, 8
// $= H^2S$ dissous	+	9, 5

Combustion avec dépôt de soufre (Eaux minérales sulfureuses au contact de l'air),

H^2S dissous $+ O = H^2O + S$: dégage. .	+	50, 5

Combustion lente avec formation d'acide sulfurique étendu :

H^2S dissous + O^4 = SO^4H^2 étendu . . . + 200^Cal^,9

Ammoniaque, AzH^3 (17 grammes)

Formation : Az + H^3 = AzH^3 gaz . . .	+ 12, 2
// = AzH^3 dissoute	+ 21, 0
Combustion : AzH^3 + 1 $\frac{1}{2}$ H^2O.	+ 91, 3
// AzH^3 dissoute.	+ 82, 5

Bicarbonate, $CO^2.H^2O.AzH^3$ (96gr)

Formation par les éléments à l'état dissous, H^2O préexistante.	+ 152, 6

Acide sulfureux, SO^2 (64 grammes)

S + O^2 = SO^2 gaz	+ 69, 3
// = SO^2 dissous.	+ 77, 6

Acide sulfurique, SO^4H^2 (98 grammes)

S + O^4 + H^2 = SO^4H^2 pur, liquide . .	+ 192, 2
// = SO^4H^2 étendu.	+ 210, 1
S + O^3 + H^2O + eau = SO^4H^2 étendu .	+ 141, 1
SO^4H^2 pur + eau = SO^4H^2 étendu . . .	+ 17, 9

Protoxyde d'azote, Az^2O, (44gr)

Az^2 + O = Az^2O gaz.	— 20, 6
// = Az^2O dissous	— 14, 4

Bioxyde d'azote, AzO (30 grammes)

Az + O = AzO gaz	—	21Cal,6

Les combustions produites par les oxydes de l'azote dégagent respectivement + 20Cal,6 pour Az^2O et + 21Cal,6 pour AzO, de plus que celles produites par l'oxygène libre.

Acide azoteux, AzO^2H (47 grammes)

$Az^2 + O^3 + H^2O$ + eau = $2AzO^2H$ dissous	—	8, 4

Acide azotique, AzO^3H (63 grammes)

$Az^2 + O^5 + H^2O$ + eau = $2AzO^3H$ dissous	+	28, 6
Soit pour AzO^3H	+	14, 3
AzO^3H pur + eau	+	7, 2
$Az + O^3 + H = AzO^3H$ pur, liquide . .	+	41, 6
" = AzO^3H dissous	+	48, 8

Acide phosphorique, PH^3O^4 (98 grammes)

$P^2 + O^5 + 3H^2O$+ eau = $2PO^4H^3$ dissous.	+	400, 9
Soit pour PO^4H^3.	+	200, 4

Acide carbonique, CO^2 (44 grammes)

Avec le carbone diamant :		
$C + O^2 = CO^2$ gaz	+	94Cal,31
CO^2 dissous	+	99, 9
Avec le carbone amorphe :		
$C + O^2 = CO^2$ gaz	+	97, 65
CO^2 dissous	+	103, 25
Dissolution de CO^2 dans l'eau.	+	5, 6

Oxyde de carbone, CO (28 grammes)

Formation avec le carbone diamant :		
$C + O = CO$ gaz	+	26, 1
Formation avec le carbone amorphe :		
$C + O = CO$ gaz.	+	29, 45
Combustion : $CO + O = CO^2$.	+	68, 2

Sulfure de carbone, CS^2 (76 grammes)

$C + S^2 = CS^2$ gaz.	—	25, 4
CS^2 liquide	—	19, 0

Azoture de carbone ou cyanogène,

C^2Az^2 (52 grammes)

$C^2 + Az^2 = C^2Az^2$ ou Cy^2 gaz	—	73, 9
Cy^2 dissous . . .	+	67, 1
Combustion, gaz	+	262, 5

Acide cyanhydrique (nitrile formique)

CHAz (27 grammes)

C + Az + H = CAzH gaz	—	30Cal,5
CAzH dissous.	—	24, 4
Combustion, gaz	+	159, 6
dissous	+	153, 1

Acide cyanique (acide carbimique)

CHAzO (43 grammes)

C + Az + H + O = CAzHO dissous . .	+	37, 0
Combustion, CO^2 gaz	+	91, 8

Cyanate d'ammoniaque, $CHAzO.AzH^3$ (60 grammes)

C + H^4 + Az^2 + O = $CHAzO.AzH^3$ dissous	+	68, 9

Cyanamide, CH^2Az^2 (42 grammes)

C + H^2 + Az^2 = CH^2 Az^2 cristallisé . .	—	8, 3
dissous . . .	—	11, 9
Combustion : corps pur, CO^2 gaz. . . .	+	171, 5

Voici maintenant les tableaux des chaleurs de formation et de combustion des principaux composés organiques, formés de carbone, d'hydrogène et d'oxygène ; les composés azotés étant traités à part. On suppose toujours CO^2 gazeux :

I. CARBURES D'HYDROGÈNE FONDAMENTAUX

Noms	Formule	Poids	Formation par les éléments	Combustion
Formène	CH^4	14gr	+ 18Cal,9 gaz	+ 213Cal,5
Éthane	C^2H^6	30	+ 23, 3 gaz	+ 372, 3
Éthylène	C^2H^4	28	— 14, 6 gaz	+ 341, 1
Acétylène	C^2H^2	26	— 58, 1 gaz — 52, 8 dissous	+ 315, 7 gaz + 310, 4 dissous
Amylène.	C^5H^{10}	70	+ 7, 3 gaz + 12, 5 liquide	+ 809, 2 gaz + 804, 0 liquide
Diamylène	$C^{10}H^{20}$	140	+ 36, 9 liquide	+ 1596, 2
Benzine	C^6H^6	78	— 11, 3 gaz — 4, 1 liquide	+ 784, 1 gaz + 776, 9 liquide
Toluène	C^7H^8	92	+ 2, 3 liquide	+ 933, 8
Térébenthène	$C^{10}H^{16}$	136	+ 4, 2 liquide	+ 1490, 8
Camphène	$C^{10}H^{16}$	136	+ 25, 8 cristall.	+ 1469, 2
Naphtaline.	$C^{10}H^8$	128	— 22, 8 cristall.	+ 1241, 8

II. ALDÉHYDES

Noms	Formules	Poids	Formation par les éléments	Combustion
Aldéhyde méthylique	CH^2O	30^{gr}	+ 25Cal,4 gazeux + 40,4 dissous	+ 143Cal,0 gazeux + 128,0 dissous
Trioxyméthylène	$C^3H^6O^3$	90	+ 121,2 solide	+ 368,6
Aldéhyde éthylique	C^2H^4O	44	+ 51,1 gazeux + 57,1 liquide + 60,7 dissous	+ 275,5 gazeux + 269,5 liquide + 265,9 dissous
Paraldéhyde	$C^6H^{12}O^3$	132	+ 166,6 liquide	+ 813,2
Aldéhyde benzoïque	C^7H^6O	106	+ 25,4 liquide	+ 841,7
Aldéhyde cinnamique	C^9H^8O	132	+ 11,8 liquide	+ 1112,9
Glyoxal	$C^2H^2O^2$	58	+ 85Cal,2 solide + 84,0 dissous	+ 172Cal,4 solide + 173,6 dissous
Furfurol	$C^3H^4O^2$	96	+ 49,7 liquide	+ 559,8
Aldéhyde salicylique	$C^7H^6O^2$	122	+ 59,5 liquide	+ 807,6
Vanilline	$C^8H^8O^3$	152	+ 115,7 cristal.	+ 914,7
Acétone	C^3H^6O	58	+ 66Cal,3 liquide + 68,8 dissous	+ 423Cal,6 liquide + 421,1 dissous
Camphre	$C^{10}H^{16}O$	152	+ 80,3 solide	+ 1413Cal,7
Quinon	$C^6H^4O^2$	108	+ 47,0 cristal. + 43,0 dissous	+ 656Cal,8 solide + 660,8 dissous

III. ALCOOLS

Noms	Formule	Poids	Formation par les éléments	Combustion
Alcool méthylique	CH^4O	32gr	+ 61Cal,7 liquide + 63, 7 dissous	+ 170Cal,6 liquide + 168, 6 dissous
Alcool éthylique	C^2H^6O	46	+ 59, 8 gazeux + 69, 9 liquide + 72, 4 dissous.	+ 325, 7 liquide + 323, 2 dissous
Éther ordinaire	$(C^2H^5)^2O$	74	+ 62, 8 gazeux + 70, 5 liquide + 76, 4 dissous	+ 658, 4 gazeux + 651, 7 liquide + 645, 8 dissous
Alcool propylique normal .	C^3H^8O	60	+ 78, 6 liquide + 81, 7 dissous	+ 480, 3 liquide + 477, 3 dissous
Alcool isobutylique	$C^4H^{10}O$	74	+ 85, 5 liquide + 88, 4 dissous	+ 636, 7 liquide + 633, 8 dissous

Alcool amylique ordinaire	$C^5H^{12}O$	88gr	+ 91Cal,6 liquide	+ 793Cal,6 liquide
			+ 94, 4 dissous	+ 791, 1 dissous
Alcool éthalique	$C^{16}H^{34}O$	242	+ 177, 6 solide	+ 2504, 2
Alcool benzylique	C^7H^8O	108	+ 40, 8 liquide	+ 895, 3
Menthol	$C^{10}H^{20}O$	156	+ 123, 0 solide	+ 1509, 2
Bornéol	$C^{10}H^{18}O$	154	+ 97, 0 solide	+ 1467, 0
Cholestérine	$C^{26}H^{44}O$	372	+ 127, 8 solide	+ 3842, 3
Glycol	$C^2H^6O^2$	62gr	+ 112Cal,3 liquide	+ 283Cal,3 liquide
			+ 114 dissous	+ 281, 6 dissous
Saligénine	$C^7H^8O^2$	124	+ 90, 1 solide	+ 846, 0 solide
			+ 86, 9 dissous	+ 849, 2 dissous
Terpine	$C^{10}H^{20}O^2$	172	+ 176, 3 solide	+ 1456, 7
Glycérine	$C^3H^8O^3$	92	+ 161, 7 liquide	+ 397, 2 liquide
			+ 163, 2 dissous	+ 395, 7 dissous
Érythrite	$C^4H^{10}O^4$	122	+ 219, 7 solide	+ 502, 6 solide
			+ 214, 4 dissous	+ 497, 3 dissous
Arabitol	$C^5H^{12}O^5$	152	+ 273, 5 solide	+ 612
Mannite	$C^6H^{14}O^6$	182	+ 320, 3 solide	+ 728, 5 solide
			+ 315, 7 dissous	+ 733, 1 dissous

IV. HYDRATES DE CARBONE

Noms	Formules	Poids	Formation par les éléments	Combustion
Arabinose	$C^5H^{10}O^5$	150gr	+ 259Cal,4 solide	+ 557Cal,7
Xylose	$C^5H^{10}O^5$	150	+ 255, 8 solide	+ 560, 7
Glucose	$C^6H^{12}O^6$	180gr	+ 302Cal,6 solide + 300, 4 dissous	+ 677Cal,2 solide + 679, 4 dissous
Lévulose.	$C^6H^{12}O^6$	180	+ 303, 9 solide	+ 675, 9
Galactose	$C^6H^{12}O^6$	180	+ 309, 9 solide	+ 669, 9
Sorbine	$C^6H^{12}O^6$	180	+ 370, 9 solide	+ 668, 6
Inosite	$G^6H^{12}O^6$	180	+ 313, 3 solide	+ 665, 5
Saccharose (sucre de canne).	$C^{12}H^{22}O^{11}$	342gr	+ 535Cal,6 solide + 534, 8 dissous	+ 1355Cal,0 solide + 1355, 8 dissous

Lactose (sucre de lait) . . .	$C^{12}H^{24}O^{12}$	360gr	+ 599Cal,8 solide + 596, 1 dissous	+ 1359Cal,8 solide + 1363, 5 dissous
Maltose	$C^{12}H^{22}O^{11}$	342	+ 538, 1 solide	+ 1350, 7
Tréhalose	$C^{12}H^{22}O^{11}$	342	+ 538, 9 solide	+ 1349, 9
Mélitose (*ou raffinose*). . .	$C^{18}H^{32}O^{16}$	504gr	+ 775Cal,3 solide + 766, 9 dissous	+ 2026Cal,1 solide + 2034, 5 dissous
Mélézitose	$C^{18}H^{32}O^{16}$ $+ H^2O$		+ 758, 4 solide	+ 2043
Dextrine.	$(C^6H^{10}O^5, n$	162*n*	243Cal,6 × *n* sol. + 243, 3 × *n* dis.	+ 667Cal,2 × *n* sol. + 667, 5 × *n* dis.
Inuline	〃	162*n*	+ 231, 4 × *n* sol. + 231, 3 × *n* dis	+ 678, 3 × *n* sol. + 678, 4 × *n* dis.
Amidon	〃	162*m*	+ 225, 9 × *m* sol.	+ 684, 9 × *m*
Glycogène	〃	162*m*	+ 231, 9 × *m* sol.	+ 678, 9 × *m*
Cellulose (coton)	〃	162*p*	+ 230, 4 × *p* sol.	+ 680, 4 × *p*

V. ACIDES MONOBASIQUES (1)

Noms	Formules	Poids	Formation par les éléments	Combustion
Acide formique	CH^2O^2	46gr	+ 101Cal,5 liquide + 101, 6 dissous	+ 61Cal,7 liquide + 61, 6 dissous
Acide acétique	$C^2H^4O^2$	60	+ 117, 2 liquide + 117, 6 dissous	+ 209, 4 liquide + 209, 0 dissous
Ether acétique.	$C^2H^5(C^2H^3O^2)$	88	+ 116, 1 liquide + 119, 2 dissous	+ 537, 1 liquide + 534, 0 dissous
Acide propionique	$C^3H^6O^2$	74	+ 122, 5 liquide + 123, 1 dissous	+ 367, 4 liquide + 366, 8 dissous
Acide butyrique	$C^4H^8O^2$	88	+ 128, 8 liquide + 129, 4 dissous	+ 524, 4 liquide + 523, 8 dissous
Acide valérique ordinaire .	$C^5H^{10}O^2$	102	+ 142, 5 liquide + 143, 2 dissous	+ 674, 0 liquide + 673, 3 dissous
Acide caproïque	$C^6H^{12}O^2$	116	+ 149, 6 liquide	+ 830, 2 liquide

Acide benzoïque	$C^7H^6O^2$	130gr	+ 94Cal,2 solide + 87, 7 dissous	+ 772Cal,9 solide + 779, 4 dissous
Acide caprique	$C^{10}H^{20}O^2$	172gr	+ 174Cal,7 solide	+ 1 458Cal,3
Acide myristique	$C^{14}H^{28}O^2$	228	+ 200, 3 solide ou + 224, 5	+ 2 085, 9 ou + 2 061, 7
Trimyristine	C^3H^5 $(C^{14}H^{27}O^2)^3$	722	+ 608, 6 solide ou + 560, 0	+ 6 601, 9 ou + 6 650, 5
Acide margarique ou palmitique	$C^{16}H^{32}O^2$	256	+ 241, 0 solide ou + 214, 4	+ 2 371, 8 ou + 2 398, 4
Acide stéarique	$C^{18}H^{36}O^2$	284	+ 261, 6 solide ou + 227, 6	+ 2 677, 8 ou + 2 711, 8
Acide oléique	$C^{18}H^{34}O^2$	282	+ 188, 0 liquide	+ 2 682

(1) Les chaleurs de combustion des acides gras à molécule élevée, d'après les meilleurs expérimentateurs, offrent des différences de près d'un centième, attribuables à la difficulté de les purifier. De même celles des corps gras neutres. On a donné ici deux des principales valeurs obtenues.

VI. ACIDES BIBASIQUES

Noms	Formules	Poids	Formation par les éléments	Combustion
Acide oxalique	$C^2H^2O^4$	90gr	+ 197Cal,6 solide + 195,3 dissous	+ 60Cal,0 solide + 62,3 dissous
Acide malonique	$C^3H^4O^4$	104	+ 213,7 solide + 208,1 dissous	+ 207,2 solide + 212,8 dissous
Acide succinique	$C^4H^6O^4$	118	+ 229,8 solide + 223,4 dissous	+ 354,4 solide + 360,8 dissous
Acide glutarique	$C^3H^8O^4$	132	+ 231,4 solide + 226,0 dissous	+ 516,1 solide + 521,5 dissous
Acide adipique	$C^5H^{10}O^4$	146	+ 241,9 solide	+ 668,9
Acide sébacique	$C^{10}H^{18}O^4$	202	+ 270,9 solide	+ 1293,4
Acide camphorique	$C^{10}H^{16}O^4$	200	+ 253,2 solide	+ 1241,8
Acide aconitique (tribasiq.)	$C^6H^6O^6$	174	+ 294,8 solide	+ 478,0
Acide mellique (hexabasiq)	$C^{12}H^6O^{12}$	342	+ 550,4 solide	+ 788,2

VII. ACIDES A FONCTION MIXTE

Noms	Formule	Poids	Formation par les éléments	Combustion
Acide glycollique	$C^2H^4O^3$	76gr	+ 160Cal,3 solide + 157, 5 dissous	+ 166Cal,3 solide + 169, 1 dissous
Acide glyoxylique	$C^2H^4O^4$	92	+ 201, 1 solide + 198, 6 dissous	+ 125, 5 solide + 128, 2 dissous
Acide lactique.	$C^3H^6O^3$	90	+ 167, 4 liquide	+ 329, 5
Acide mésoxalique	$C^3H^2O^6$	136gr	+ 292Cal,7 solide	+ 128Cal,3
Acide tartronique	$C^3H^4O^5$	120	+ 165, 8 solide + 161, 4 dissous	+ 255, 1 solide + 259, 5 dissous
Acide tartrique	$C^4H^6O^6$	150	+ 302, 3 solide + 298, 9 dissous	+ 281, 0 solide + 284, 4 dissous
Acide lévulique	$C^5H^8O^3$	116	+ 170, 1 solide + 166, 5 dissous	+ 577, 1 solide + 581, 7 dissous
Acide pyromucique. . . .	$C^5H^4O^3$	112	+ 115, 7 solide	+ 493, 8
Acide mucique	$C^6H^{10}O^8$	115	+ 426, 9 solide	+ 483, 9
Acide citrique.	$C^6H^8O^7$	192	+ 366, 9 solide + 364, 8 dissous	+ 474, 9 solide + 477 dissous
Acide salicylique	$C^7H^6O^3$	138	+ 132, 1 solide + 125, 7 dissous	+ 735, 0 solide + 741, 4 dissous
Acide gallique	$C^7H^6O^5$	170	+ 233, 0 solide	+ 631, 1
Acide quinique	$C^7H^{12}O^6$	192	+ 240, 4 solide	+ 833, 4
Acide humique	$C^{18}H^{16}O^7$	344	+ 266, 2 solide	+1983, 2
″ anhydride.	$C^{18}H^{14}O^6$	326	+ 182, 5 solide	+1968, 5

VIII. PHÉNOLS

Noms	Formules	Poids	Formation par les éléments	Combustion
Phénol	C^6H^6O	94gr	+ 36Cal,8 solide + 34, 2 dissous	+ 736Cal,0 solide + 738, 6 dissous
Résorcine	$C^6H^6O^2$	110	+ 89, 45 solide + 85, 6 dissous	+ 683, 4 solide + 687, 8 dissous
Hydroquinon	$C^6H^6O^2$	110	+ 87, 3 solide + 82, 9 dissous	+ 685, 5 solide + 689, 9 dissous
Pyrocatéchine.	$C^6H^6O^2$	110	+ 87, 6 solide	+ 685, 2 solide
Pyrogallol	$C^6H^6O^3$	126	+ 139, 5 solide + 136, 6 dissous	+ 633, 3 solide + 636, 2 dissous

SELS ORGANIQUES

Les acides organiques peuvent être introduits dans l'économie sous deux formes : à l'état libre, ou à l'état de sels, tels que les sels de potasse et de soude principalement. Dans ce dernier cas, ils en sortent, pour la plupart, transformés par l'oxydation en acide carbonique et bicarbonate de potasse, CO^3KH. Cette transformation exige un calcul spécial, qu'il est utile de donner ici.

Soit un acide, $C^nH^{2p}O^q$, supposé monobasique, sa chaleur de formation par les éléments étant égale à F, dans l'état dissous. Soit encore Q, la chaleur de formation par les éléments de l'hydrate alcalin, tel que KOH ou NaOH, auquel il s'unit pour former un sel soluble ; soit enfin N, sa chaleur de neutralisation, laquelle est en général comprise entre 13 Calories et 14 Calories, les produits étant un sel de potasse dissous, $C^nH^{2p-1}KO^q$, et une molécule d'eau, H^2O.

La chaleur de formation (par les éléments) de ce sel dissous, sera : F + Q + N — 69.

La chaleur de combustion de l'acide, avec production d'acide carbonique dissous et d'eau, étant, d'ailleurs

$$+ 99,9\,n + 69\,p - F$$

Celle de son sel potassique dissous, avec production d'acide carbonique dissous et de bicarbonate dissous, sera

$$+ 99,9\, n + 69\, p - F + 11,1 - N\,;$$

elle différera de celle de l'acide, seulement par la différence 11,1 — N, c'est-à-dire par un nombre généralement négatif et voisin de 3 à 4 Calories : valeur à peu près négligeable dans presque tous les cas, vis-à-vis de la chaleur de combustion totale ; du moins pour les acides qui renferment plusieurs atomes de carbone.

Si le sel était bibasique, l'écart serait doublé, etc.

Dans le cas où l'on établit le calcul de la chaleur de combustion en supposant l'acide carbonique gazeux, $(n - 1)$ molécules seulement de CO^2 prendront cet état, 1 molécule d'acide carbonique étant fixée par la potasse : ce qui porte l'écart à + 16,7 — N. Il change alors de signe, c'est-à-dire qu'il prend une valeur positive, environ 3 à 4 Calories par atome de potassium.

CORPS GRAS NATURELS

Ce sont des glycérides, c'est-à-dire des éthers et acides gras. Pour 1 gramme, la composition pondérale de la plupart d'entre eux est voisine de

$$C = 0,765\,; \quad H = 0,120\,; \quad O = 0,115$$

Dans ces conditions, 1 gramme dégage en brûlant, environ

$+ 9^{Cal},500$; CO^2 étant gazeux,
$+ 9^{Cal},857$; CO^2 étant dissous.

Formation par les éléments, rapportée à 1 gramme de matière : environ $0^{Cal},6143$.

La combustion du beurre dégage un peu moins, en raison de la présence de la butyrine et analogues, qui sont moins carbonées, soit pour 1 gramme

$9^{Cal},231$; CO^2 étant gazeux,
$9^{Cal},58$; CO^2 étant dissous.

Les huiles végétales, dégagent en moyenne, pour 1 gramme brûlé,

$9^{Cal},520$; CO^2 étant gazeux,
$9^{Cal}.877$; CO^2 étant dissous.

HYDRATES DE CARBONE

La combustion d'un hydrate de carbone solide dégage en moyenne, pour un poids de matière renfermant un gramme de carbone : $+ 9^{Cal},470$; c'est-à-dire un excès supérieur d'un cinquième à la chaleur de combustion, $+ 7^{Cal},96$, du carbone élémentaire que cet hydrate renferme. On ne tenait pas compte de ces excès dans les anciens calculs relatifs à la chaleur animale. La réserve d'énergie qui en résulte joue un grand rôle dans leurs transformations.

CHAPITRE III

CHALEUR DE COMBUSTION ET DE FORMATION DES PRINCIPES AZOTÉS A MOLÉCULE BIEN DÉFINIE, SUSCEPTIBLES D'EXISTER DANS L'ÉCONOMIE ANIMALE, ET CONGÉNÈRES : AMIDES, AMINES, NITRILES, ETC.

Les dédoublements et transformations des principes albuminoïdes constitutifs du corps humain, donnent lieu à des composés azotés plus simples, à molécule bien définie, appartenant aux trois groupes suivants :

Amides simples, dérivés de l'union de l'ammoniaque avec les acides ;

Amines ou *alcalis*, dérivés de l'union de l'ammoniaque avec les alcools à fonction simple, ou à fonction mixte.

Ces amines fournissent à leur tour des *alcalamides*, en s'unissant aux acides.

Enfin, les *nitriles* et les *imides* dérivent des amides et des alcalamides, par une nouvelle perte d'eau. Ces derniers composés jouent surtout un rôle important dans la thermogenèse : à la fois, parce qu'ils entrent dans la constitution des albuminoïdes, et parce qu'ils sont susceptibles de dégager des quantités de chaleur considérables, lors de leur combinaison avec les éléments de l'eau.

Les chaleurs de formation et de combustion de ces divers groupes ont été, pour la plupart, mesurées dans mon laboratoire, spécialement en ce qui touche les nitriles.

Observons que les chaleurs de combustion qui suivent se rapportent à une combustion totale. avec formation d'acide carbonique, d'eau et d'azote. Si l'azote se sépare à l'état combiné, par exemple à l'état d'urée dissoute, comme il arrive dans l'économie animale, où les combustions sont lentes et accomplies vers la température ordinaire, il conviendra de diminuer la chaleur de combustion totale des principes azotés, de la chaleur de combustion des combinaisons subsistantes, telles que l'urée. Nous allons donner ce calcul. Soit l'urée CH^4Az^2O = 60 grammes. Sa combustion à l'état pure, dégage + $151^{Cal},5$. Si l'urée demeure dissoute, tandis que l'acide carbonique est éliminé simultanément dans l'état gazeux, la combustion produit + $155^{Cal},1$.

Enfin, pour l'urée dissoute et l'acide carbonique demeuré également dissous, on a + $160^{Cal},7$.

Telles sont les valeurs qui doivent être déduites, dans le calcul de la chaleur animale.

Dans les cas de ce genre, deux atomes d'azote Az^2 = 28 grammes sont éliminés sous forme d'urée, au lieu de devenir libres, comme dans une combustion totale. Pour 1 gramme d'azote éliminé sous cette forme, cela fait, l'urée et l'acide carbonique supposés libres : + $5^{Cal},539$;

Ou bien s'ils sont dissous : + $5^{Cal},739$,

Un calcul analogue s'applique aux cas où l'azote s'élimine de l'économie animale sous la forme d'acide urique, ou de tout autre produit de combustion incomplète ; la chaleur de combustion de ces composés devant être retranchée de celle du composé albuminoïde.

Donnons la formule générale de ces calculs.

Admettons, comme dans la 1re partie (p. 162), que l'albumine renferme sur 100 parties

$$C = 52,5 ; \quad H = 6,5 ; \quad Az = 16,5 ;$$
$$O = 24,5.$$

Supposons qu'elle se transforme par oxydation, de telle façon que la totalité de son azote passe dans un principe, contenant sur 100 parties

$$C = a; \quad H = b; \quad Az = c; \quad O = d;$$

Le surplus du carbone, de l'hydrogène et de l'oxygène de l'albumine étant éliminé sous forme d'eau et d'acide carbonique. Nous aurons les équations suivantes, pour 100 parties d'albumine produisant un poids x du principe azoté complémentaire, y d'acide carbonique, z d'eau, le tout en se combinant avec poids w d'oxygène.

Carbone . . . . $52,5 = ax + \frac{3}{11} y.$

Hydrogène . . . $6,5 = bx + \frac{1}{9} z.$

Azote. . . . . $16,5 = Cx.$

Oxygène . . . . $24,5 + w = dx + \frac{8}{11} y + \frac{8}{9} z.$

D'où :

$$x = \frac{16,5}{c}.$$

$$y = \frac{11}{3}\left(52,5 - 16,5 \times \frac{a}{c}\right).$$

$$z = 9\left(6,5 - 16,5\,\frac{b}{c}\right).$$

Comme on le voit d'abord, pour que la transformation soit possible, sans autre production complémentaire, on doit avoir certaines relations,

Ainsi $\frac{a}{c} < \frac{52,5}{16,5} = 3,182$ en poids; ou en atomes : 3,7; c'est-à-dire que le rapport du carbone à l'azote, dans le principe nouveau, doit être moindre que le rapport du même élément dans l'albumine : condition qui exclut la formation *isolée* de certains composés, l'acide hippurique par exemple, composé où le rapport

$$\frac{a}{c} = 7,7.$$

De même, il semble que l'on devrait avoir $\frac{b}{c} < \frac{6,5}{16,5} = 0,393$ en poids, ou en atomes : 5,5, par la valeur du rapport de l'hydrogène à l'azote, dans le principe nouveau. Toutefois cette dernière condition n'est qu'apparente ; car on peut toujours admettre qu'il y a fixation d'eau, aux dépens des liquides de l'économie, pendant la combustion lente de l'albumine : ce qui revient à attribuer à z une valeur négative.

Quant à l'oxygène, on peut toujours attribuer à w une valeur positive et même considérable. Les seuls composés organiques pour lesquels w soit négatif, c'est-à-dire qui contiennent plus d'oxygène que n'en réclame leur combustion totale, sont des dérivés nitriques, tels que la nitroglycérine, lesquels n'existent pas dans les êtres vivants. En effet, tous les principes immédiats azotés des êtres vivants dérivent en définition par déshydratation, de l'ammoniaque, qui est un composé oxydable, et de composés hydrocarbonés également oxydables jusqu'à la limite extrême de l'acide carbonique et de l'eau.

Précisons ces formules, en les appliquant à la combustion de l'albumine, avec formation d'urée ou d'acide urique, pris comme exemples. Il suffit de calculer x, pour en déduire la chaleur de combustion correspondante.

(1) 100 grammes d'urée renferment :

$$C = 20,00 ; \quad H = 6,67 ; \quad Az = 46,67 ;$$
$$O = 26,66. \quad \text{Dès lors} \quad x = 0,354.$$

Carbone correspondant	6,78
Hydrogène correspondant	2,26

$$\frac{a}{c} = 0,43 ; \quad \frac{b}{c} = 0,14.$$

Chaleur de combustion, pour le poids $0^{gr},354$:

$$+ 0^{Cal},895.$$

C'est cette quantité qu'il convient de retrancher de la chaleur de combustion totale de 1 gramme d'albumine, laquelle s'élève à : $5^{Cal},77$;

il reste donc $4^{Cal},875$.

(2) 100 grammes d'acide urique renferment :

$$C = 35,72 ; \quad H = 2,38 ; \quad Az = 33,33 ;$$

$$O = 28,57. \quad \text{Dès lors} \quad x = 0,50,$$

Carbone correspondant	17,8
Hydrogène correspondant	1,2

$$\frac{a}{c} = 1,07 ; \qquad \frac{b}{c} = 0,714.$$

Chaleur de combustion, pour le poids $0^{gr},50$:

$$+ 1^{Cal},37.$$

Pour cette quantité qu'il convient de retrancher de la combustion totale de 1 gramme d'albumine. Il reste donc $4^{Cal},40$.

Voici les tableaux des chaleurs de formation des principes azotés, à molécule bien définie, susceptible d'exister dans l'économie animale, tels qu'amides, alcalamides, uréïdes, nitriles, amines, etc. :

I. AMIDES

Noms	Eormule	Poids	Formation par les éléments	Combustion
Amide formique	CH^3AzO	45gr	+ 64Cal,2 dissous	+ 139Cal,2 dissous
Amide acétique	C^2H^5AzO	59	+ 72, 9 solide + 71, 1 dissous	+ 288, 1 solide + 289, 9 dissous
Amide propionique . . .	C^3H^7AzO	73	+ 88, 4 solide	+ 436, 0
Amide benzoïque	C^7H^7AzO	121	+ 49, 3 solide	+ 852, 3
Amide oxalique	$C^2H^4Az^2O^2$	88	+ 129, 7 solide	+ 196, 9
Acide oxamique	$C^2H^3AzO^3$	89	+ 163, 3 solide + 156, 3 dissous	+ 128, 8 solide + 135, 8 dissous
Amide succinique	$C^4H^8Az^2O^2$	116	+ 143, 5 solide	+ 509, 7
Imide succinique	$C^4H^5AzO^2$	99	+ 110, 5 solide	+ 439, 2
Taurine ou *amide iséthionique*	$C^2H^7AzSO^3$	125	+ 188, 5 solide	+ 382, 9 (1)
Acide aspartique.	$C^4H^7AzO^4$	133	+ 231, 9 solide + 224, 7 dissous	+ 386, 8 solide + 394, 0 dissous
Asparagine.	$C^4H^8Az^2O^3$	132	+ 205, 1 solide	+ 448, 1

(1) Avec formation de SO^4H^2 étendu.

II. ALCALAMIDES

Noms	Formules	Poids	Formation par les éléments	Combustion
Acide hippurique (benzoglycollamide)	$C^9H^9AzO^3$	179gr	+ 146Cal,3 solide	+ 1012Cal,9
Sarcosine (glycolméthylamine)	$C^3H^7AzO^2$	89	+ 123,2 solide	+ 401,2
Créatine (uréide de la sarcosine).	$C^4H^9Az^3O^2$	131	+ 127,7 solide + 125 dissous	+ 560,0 + 562,3 dissous

III. URÉIDES ET CONGÉNÈRES

Noms	Formule	Poids	Formation par les éléments	Combustion
Urée ou amide carbonique .	CH^4Az^2O	60gr	+ 80Cal,8 solide + 77, 2 dissous	+ 151Cal,5 solide + 154, 1 dissous
Cyanamide.	CH^2Az^2	42	— 8, 3 solide — 11, 9 dissous	+ 176, 6 solide + 180, 2 dissous
Imide carbonique ou *acide cyanique*.	$CHAzO$	43	+ 37, 0 dissous	+ 918 dissous
Acide sulfocyanique . . .	$CHAzS$	59	— 18, 5 dissous	//
Acide cyanurique	$(CHAzO)^3$	129	+ 165, 1 solide + 161, 9 dissous	+ 152, 3 solide + 155, 5 dissous
Formylurée	$C^2H^4Az^2O^2$	88	+ 119, 3 solide + 112, 1 dissous	+ 207, 3 solide + 214, 5 dissous
Acétylurée	$C^3H^6Az^2O^2$	102	+ 129 solide + 122, 2 dissous	+ 360 solide + 366, 8 dissous
Acide oxaluréique	$C^3H^4Az^2O^4$	132	+ 213, 2	+ 207, 7
Imide (acide parabanique) .	$C^3H^2Az^2O^3$	114	+ 139, 2 solide + 134, 1 dissous	+ 212, 7 solide + 217, 8 dissous

Ac. glycoluréiq. (hydantoïq.)	$C^3H^6Az^2O^3$	118gr	+ 181Cal,6 solide + 175, 1 dissous	+ 308Cal,4 solide + 314, 9 dissous
Imide glycoluréique ou *glycolylurée (hydantoïne)*. .	$C^3H^4Az^2O^2$	100	+ 109, 0 solide + 102, 9 dissous	+ 311, 9 solide + 318 dissous
Allantoïne	$C^4H^6Az^4O^3$	158	+ 170, 4 solide + 162, 6 dissous	+ 413, 8 solide + 421, 6 dissous
Imide malonyluréique . .	$C^4H^4Az^2O^3$	128	+ 161, 8 solide	+ 353, 4
Diuréide pyruriuréique . .	$C^5H^8Az^4O^3$	172	+ 180, 6 solide	+ 566, 9
Imide mésoxaluréique (alloxane)	$C^4H^4Az^2O^5$	160	+ 238, 0 solide + 234, 5 dissous	+ 276, 5 solide + 278 dissous
Acide urique	$C^5H^4Az^4O^1$	168	+ 148, 1 solide	+ 461, 4
Xanthine	$C^5H^4Az^4O^2$	162	+ 91, 0 solide	+ 508, 5
Guanine.	$C^5H^5Az^5O$	151	+ 57, 4 solide	+ 586, 6
Théobromine ou *diméthyl xanthine*.	$C^7H^8Az^4O^2$	180	+ 90, 1 solide	+ 846
Caféine ou *triméthylxanthine*	$C^8H^{10}Az^4O^2$	194	+ 83, 4 solide + 80, 7 dissous	+ 1 016, 0 solide + 1 018, 7 dissous

IV. NITRILES

Noms	Formules	Poids	Formation par les éléments	Combustion
Nitrile formique ou acide cyanhydrique	CHAz	27^{gr}	$-30^{Cal},5$ gaz $-24,8$ liquide $-24,4$ dissous	$+159^{Cal},3$ gaz $+153,6$ liquide $+158,2$ dissous
Nitrile acétique	C^2H^3Az	41	$+0,45$ liquide	$+291,65$
Nitrile propionique. . . .	C^3H^5Az	55	$+8,7$ liquide	$+446,7$
Nitrile benzoïque	C^7H^5Az	103^{gr}	$+31^{Cal},1$ liquide	$+865^{Cal},9$
Nitrile phénylacétique . .	C^8H^7Az	117	$-27,9$ liquide	$+1023,8$
Nitrile toluique (ortho) . .	C^8H^7Az	117	$-34,8$ liquide	$+1030,7$
Nitrile glycollique	C^2H^3AzO	57^{gr}	$+36^{Cal},1$ liquide	$+257^{Cal},0$
Nitrile lactique	C^3H^5AzO	71	$+35,1$ liquide	$+419,9$
Nitrile oxalique ou cyanogène	C^2Az^2	52^{gr}	$-73^{Cal},9$ gaz $-68,5$ liquide $-67,1$ dissous	$+262^{Cal},5$ gaz $+257,1$ liquide $+255,7$ dissous
Nitrile malonique	$C^3H^2Az^2$	66	$-42,3$ solide	$+395,1$
Nitrile succinique . .	$C^4H^4Az^2$	80	$-29,8$ solide	$+545,0$
Nitrile glutarique . . .	$C^5H^6Az^2$	94	$+243$ liquide	$+699,8$

IV *bis*. HYDRATATION DES NITRILES

Noms	Hydratation	Chaleur dégagée
Nitrile formique dissous	$+ 2H^2O$ = sel ammoniacal dissous.	$+ 21^{Cal},0$
Nitrile acétique liquide	$+ 2H^2O$	$+ 12,7$
Nitrile benzoïque liquide	$+ 2H^2O$	$+ 17,7$
Nitrile toluique liquide	$+ 2H^2O$	$+ 17,7$
Nitrile glycollique dissous	$+ 2H^2O$	$+ 16,6$
Nitrile lactique liquide	$+ 2H^2O$ = sel ammoniacal dissous.	$+ 20^{Cal},0$
Nitrile oxalique dissous	$+ 4H^2O$	$+ 53,2$
Nitrile malonique liquide	$+ 4H^2O$	$+ 51,0$
Nitrile succinique liquide	$+ 4H^2O$	$+ 42,7$

V. SÉRIE DE L'INDOL ET DU PYRROL

Noms	Formules	Poids	Formation par les éléments	Combustion
Indol	C^8H^7Az	117	— 26^Cal^,8 solide	+ 1 022^Cal^,8
Dioxindol	$C^8H^7AzO^2$	149	+ 80, 2 solide	+ 915, 7
Isatine	$C^8H^5AzO^2$	147	+ 59, 0 solide	+ 867, 8
Isathyde	$C^{16}H^{12}Az^2O^4$	296	+ 145, 0 solide	+ 1 777, 8
Indigotine	$C^{16}H^{10}Az^2O^2$	262	+ 41, 0 solide	+ 1 812, 6
Pyrrol	C^4H^5Az	67	— 18^Cal^,0 liquide	+ 568^Cal^,0
Phénylpyrrol	$C^{10}H^9Az$	143	— 30, 6 liquide	+ 1 284, 1

VI. AMINES

Noms	Formules	Poids	Formation par les éléments	Combustion
Méthylamine	CH^5Az	31gr	+ 9Cal,9 gaz + 22(environ) dissous	+ 256Cal,9 gaz + 245 dissous
Triméthylamine. . . .	$(CH^3)^3Az$	59	+ 1, 4 gaz + 5, 6 liquide + 14, 3 dissous	+ 590 gaz + 586, 4 liquide + 578, 9 dissous
Éthylamine.	C^2H^7Az	45	+ 27, 0 liquide + 33, 3 dissous	+ 406, 1 liquide + 399, 8 dissous
Amylamine	$C^5H^{13}Az$	87	+ 52, 4 liquide + 57, 4 dissous	+ 867, 6 liquide + 862, 6 dissous
Benzylamine	C^7H^9Az	107	+ 2, 0 liquide	+ 968, 6 liquide
Aniline	C^6H^7Az	93gr	— 11Cal,2 liquide — 11, 4 dissous	+ 818Cal,5 liquide + 818, 3 dissous
Toluidine	C^7H^9Az	107	+ 5, 9 liquide	+ 964, 7
Pyridine	C^5H^5Az	79gr	— 21Cal,1 liquide — 19, 0 dissous	+ 665Cal,1 liquide + 663 dissous
Piperidine	$C^5H^{11}Az$	85	+ 24, 5 liquide + 31, 0 dissous	+ 826, 5 liquide + 820 dissous
Quinoléine	C^9H^7Az	129	— 32, 8 liquide — 31, 8 dissous	+ 1123, 0 liquide + 1124, 0 dissous
Hydroquinoléine.	$C^9H^{11}Az$	133	+ 0, 4 liquide	+ 1227, 8
Nicotine.	$C^{10}H^{14}Az^2$	162	— 1, 8 liquide	+ 1427, 9
Guanidine	CH^4Az^3	58	+ 19Cal,2 solide + 20, 4 dissous	+ 247Cal,6 solide + 245, 4 dissous

VII. AMINES-ACIDES

Noms	Formules	Poids	Formation par les éléments	Combustion
Glycollamine ou ***glycocolle*** (*amine oxyacétique*). . .	$C^2H^5AzO^2$	75gr	+ 126Cal,2 solide + 122, 5 dissous	+ 235Cal,9 solide + 238, 6 dissous
Alanine (*amine oxypropionique*).	$C^3H^7AzO^2$	89	+ 136, 1 solide	+ 389, 2
Leucine (*amine oxyhexylique*).	$C^6H^{13}AzO^2$	131	+ 158, 4 solide	+ 855, 9
Tyrosine (*amine hydrocoumarique-para*).	$C^9H^{11}AzO^3$	181	+ 157 solide	+ 1 071, 2

Comparons la chaleur totale de combustion des principes azotés, depuis les plus importants parmi ceux qui peuvent exister dans l'économie humaine, à la chaleur qui résulterait du mode de calcul proposé autrefois par Dulong et adopté par un grand nombre de physiologistes : calcul d'après lequel le carbone d'un composé organique dégagerait autant de chaleur que s'il était libre, tandis que l'oxygène serait supposé combiné à une dose équivalente d'hydrogène suivant les proportions de l'eau ; cette dernière étant supposée séparable en nature, lors de la combustion totale. Enfin on admettait que l'excès d'hydrogène, sur ces proportions, dégage la même quantité de chaleur que s'il était libre. Entre la chaleur totale de combustion, trouvée par expérience, et la chaleur évaluée d'après cet ancien mode de calcul, voici les différences, évaluées bien entendu, pour les poids moléculaires respectifs des divers principes azotés à molécule bien définie, qui jouent un rôle important dans l'évaluation de la chaleur animale :

Différences des poids moléculaires

Urée	— 11Cal,8
Glycollamine	+ 11, 8
Alanine	+ 2, 8
Leucine	— 20, 4
Asparagine.	+ 1, 9
Acide aspartique	+ 33, 2
Acide urique	+ 37, 0
Acide hippurique	+ 60, 7
Tyrosine.	+ 50, 0

On voit combien ce mode de calcul était à la fois incorrect et incertain.

Voici encore la chaleur dégagée par la combustion des composés précédents, les corps étant dissous et le calcul fait dans l'hypothèse où tout leur azote serait éliminé à l'état d'urée. Pour les cas où la chaleur de dissolution propre des composés est inconnue, on l'a évaluée par approximation. En outre, nous regarderons l'acide carbonique comme dissous; cette condition étant celle des combustions intermédiaires, opérées dans l'épaisseur des tissus, au sein de l'organisme animal.

Composés	Formules	Corps purs			Tous corps dissous, y compris CO^2		
		Combustion totale	Azote changé en urée	Déficit	Combustion totale	Azote changé en urée	Déficit
Glycollamine . .	$C^2H^5AzO^2$	+ 234,9	+ 159,2	75,7	+ 249,7	169,35	80,35
Alanine	$C^3H^7AzO^2$	+ 389,2	+ 313,5	75,7	+ 410 env.	330	80,35
Leucine	$C^6H^{13}AzO^2$	+ 855,9	+ 780,4	75,7	+ 894 env.	814	80,35
Tyrosine . . .	$C^9H^{11}AzO^3$	+ 1071,2	+ 995,5	75,7	+ 1128 env.	1048	80,35
Asparagine . . .	$C^4H^8Az^2O^3$	+ 448,1	+ 296,6	151,5	+ 476 env.	315	160,7
Acide aspartique .	$C^4H^7AzO^4$	+ 368,8	+ 311,1	75,7	+ 416,5	336	80,35
Acide hippurique .	$C^9H^9AzO^3$	+ 1012,9	+ 937,2	75,7	+ 1079 env.	999	80,35
Acide urique . .	$C^5H^4Az^4O^3$	+ 461,4	+ 158,4	303,0	+ 494 env.	163	321,4

Ce procédé de transformation mérite d'autant plus attention, qu'il répond chez l'homme à plus des quatre cinquièmes de l'azote éliminé.

On voit que la chaleur ainsi dégagée est inférieure à la chaleur de combustion totale et elle l'est de quantités considérables, qui s'élèvent au tiers pour la glycollamine et l'asparagine; au treizième seulement, pour l'acide hippurique et la tyrosine. Mais elles peuvent monter jusqu'aux deux tiers pour des corps très azotés, tels que l'acide urique.

On voit encore par là à quel point étaient imparfaits les anciens procédés employés pour calculer la chaleur animale, et combien l'urée joue un rôle important dans cette évaluation ; car elle constitue la forme d'élimination pour les 80 ou 85 centièmes de l'azote, éliminé par l'organisme humain.

Relevons encore quelques chiffres, relatifs à l'oxydation graduelle des albuminoïdes, sans production d'azote libre.

L'albumine, prise à un certain degré de dessiccation renferme, nous l'avons dit (1re partie, p. 162) :

52,5 centièmes de carbone,
6,5 d'hydrogène,
et 16,5 centièmes d'azote.

De là résulte que le rapport atomique du carbone à l'azote, dans cette substance, est sensiblement celui de 3,7 : 1. La chaleur dégagée par la combustion totale de 1 gramme d'albumine, offrant cette composition, sera $5^{Cal},770$: le poids de l'oxygène fixé étant $1^{gr},675$, le poids de l'acide carbonique produit, $1^{gr},925$.

Le rapport $\frac{CO^2}{O}$ (quotient respiratoire) en volume $= 0,84$.

Ceci posé, parmi les composés azotés que l'albumine est susceptible de former chez les êtres vivants, nous en prendrons seulement cinq, savoir :

1° la sarcosine, $C^3H^7AzO^2$, où le rapport atomique du carbone à l'azote est égal à 3,7, c'est-à-dire le même que dans l'albumine;

2° l'asparagine, $C^4H^8Az^2O^3$, où ce rapport est 2 : 1 ;

3° la glycollamine, $C^2H^3AzO^2$, où ce rapport est le même que le précédent ;

4° l'allantoïne, $C^4H^6Az^4O^3$, où ce rapport est 1 : 1 ;

5° enfin l'urée, CH^4Az^2O, où ce rapport est celui de $\frac{1}{2}$: 1.

Envisageons une combustion incomplète, donnant naissance à l'un des composés azotés définis que je viens de citer, et telle que le surplus du carbone et de l'hydrogène de l'albumine soit changé en acide carbonique gazeux et eau, l'azote demeurant à l'état de combinaison dissoute. En opérant sur 1 gramme d'albumine, il se dégagera :

Principes azotés	Calories	Poids d'oxygène absorbé	Poids de CO^2 formé	Rapport $CO^2 : O$ en volume
Sarcosine . . .	+ 1^Cal^,00	0^gr^,260	0^gr^,380	1,07
Asparagine. . .	+ 3, 07	0, 830	0, 991	0,86
Glycollamine . .	+ 2, 96	0, 826	0, 967	0,85
Allantoïne . . .	+ 4, 53	1, 298	1, 408	1,00
Urée	+ 4, 60	1, 392	1, 665	0,70
Azote libre . . .	+ 5, 77	1, 675	1, 925	0,84

Dans des oxydations moins avancées, donnant par exemple naissance à du glucose et à de l'urée, la chaleur dégagée peut tomber à + 0^Cal^,3, l'oxygène consommé à 0^gr^,180; l'acide carbonique étant nul.

La déperdition est plus forte encore, pour le cas où les 15 ou 20 centièmes de l'azote total sont susceptibles d'être éliminés sous d'autres formes, telles que l'acide urique, ou l'acide hippurique.

Soit l'acide urique notamment, chaque atome

(14 grammes) de l'azote éliminé sous cette forme donnera lieu dans la combustion à un déficit de $115^{Cal},2$, tous corps séparés de l'eau ; ce déficit surpasserait 122 Calories, si l'acide carbonique demeurait dissous. L'influence des autres composés polyazotés serait analogue (voir plus haut).

Avec l'acide hippurique, la perte de chaleur est bien plus élevée encore, en raison de la richesse de ce corps en carbone. En effet, calculée d'après l'azote seul, elle s'élèverait à $1012^{Cal},9$ par chaque atome d'azote (14 grammes) éliminée sous cette forme, tous les corps séparés de l'eau. Elle monterait même à 1079 Calories, tous corps dissous. En réalité, elle est plus forte que ce calcul ne l'indique; attendu que la formation de l'acide hippurique exige la formation de composés complémentaires autres que l'eau et l'acide carbonique (voir p. 75). Il y aurait dès lors un déficit thermique très considérable, observable chez les herbivores; si, par compensation, une portion de l'azote n'était pas éliminée, comme il est probable, à l'état libre dans leur intestin : ce point n'est pas, d'ailleurs, entièrement éclairci.

En tout cas, le déficit correspondant à l'excrétion de l'acide urique est déjà très notable et il rend compte, jusqu'à un certain point, de l'influence d'un excès d'alimentation pour former de semblables produits de combustion incomplète ; il explique dès lors les perturbations physiologiques et pathologiques si caractérisées, qui en accompagnent l'apparition.

CHAPITRE IV

—

CHALEUR DE FORMATION ET DE COMBUSTION DES CORPS ALBUMINOIDES ET CONGÉNÈRES CONTENUS DANS LES ÊTRES VIVANTS : LEUR ROLE DANS LA PRODUCTION DE LA CHALEUR ANIMALE (1)

Les principes azotés forment la masse dominante des tissus animaux et ils jouent dans le développement des végétaux un rôle essentiel. Leur importance en Chimie physiologique, spécialement pour la production de la chaleur animale, ne saurait être exagérée : c'est ce qui nous a engagés à en mesurer la chaleur de combustion dans la bombe calorimétrique. L'opéra-

(1) Les expériences ont été faites avec la collaboration de M. André.

tion est prompte, facile, précise, comme d'ordinaire.

On croit devoir reproduire ici tout le détail des expériences, à cause de l'intérêt du sujet pour les études qui font l'objet du présent ouvrage.

La comparaison des résultats demande quelque précaution, parce qu'elle ne saurait être rapportée à des formules moléculaires certaines, celles des matières albuminoïdes étant fort élevées et controversées. De là la nécessité de s'en tenir aux mesures relatives à l'unité de poids, sans remonter jusqu'à des poids moléculaires douteux : réserve d'autant plus imposée qu'il s'agit de principes fixes et incristallisables, dont la pureté absolue ne saurait être garantie au même degré que celle des corps définis volatils ou cristallisés. Il y a plus : l'état d'hydratation, et par suite la richesse même en carbone et autres éléments, varie de plusieurs centièmes, pour un poids donné de matière, suivant la température à laquelle les albuminoïdes ont été desséchés. C'est pourquoi nous avons cru utile de rapporter toutes nos chaleurs de combustion, non seulement à 1 gramme de matière, mais surtout et de préférence à 1 gramme de carbone; la proportion de cet élément donnant lieu à des comparaisons plus assurées.

En effet, les chaleurs de formation depuis les éléments sont aisées à calculer, lorsqu'on connaît les chaleurs de combustion. Elles peuvent être évaluées, soit pour l'unité de poids du principe immédiat, soit pour l'unité de poids de l'un des éléments, tel que le carbone, ou l'azote ;

Soit pour les poids moléculaires du dit principe immédiat, tel qu'on l'a envisagé.

Mais elles sont influencées à un tel degré par les moindres impuretés, et les poids moléculaires eux-mêmes sont si incertains, que l'évaluation exacte de ces chaleurs de formation, rapportées aux poids moléculaires, ne nous a pas paru comporter beaucoup d'intérêt, dans l'état présent de la science. Quant à l'emploi des chaleurs de combustion, dans le calcul de la chaleur animale, il est subordonné à la nature des produits éliminés par l'économie, et spécialement à la forme sous laquelle l'azote est rejeté au dehors. Nous avons donné ce calcul pour le cas le plus général, celui où l'azote se sépare sous forme d'urée, en rapportant les résultats, tant à l'unité de poids de la matière animale, et spécialement des produits usités comme aliments, qu'à l'unité de poids du carbone que ces produits renferment.

Exposons d'abord les résultats observés avec

les seize matières azotées ou principes immédiats qui suivent :

Albumine d'œuf,	Jaune d'œuf,
Fibrine du sang,	Fibrine végétale
Chair musculaire,	Gluten,
Hémoglobine,	Colle de poisson,
Caséine du lait,	Fibroïne,
Osséine,	Laine,
Chondrine,	Chitine,
Vitelline,	Tunicine.

Nous avons préparé nous-mêmes douze de ces principes ; quatre nous ont été donnés fort obligeamment par M. Schützenberger, qui les avait préparés en vue de ses recherches classiques sur les albuminoïdes.

Pour chacun, nous signalerons en général :

1° Le procédé de préparation ;

2° L'analyse du produit mis en œuvre ; chose indispensable pour des substances de ce genre, dont l'état d'hydratation varie suivant le procédé de préparation et le mode de dessiccation ;

3° La chaleur de combustion rapportée, d'une part, à 1 gramme de matière, et, d'autre part, à un poids de matière contenant 1 gramme de carbone : ce qui fournit, ainsi qu'il a été dit, un procédé de comparaison plus assuré et indépendant de toute supposition sur l'état d'hydratation.

Cette combustion est totale, dans nos expériences ; c'est-à-dire que, non seulement le carbone est ramené à l'état d'acide carbonique et l'hydrogène à l'état d'eau ; mais le soufre est changé en acide sulfurique étendu, et le phosphore en acide phosphorique. Nous avons spécialement vérifié qu'il en est ainsi pour les combustions accomplies dans la bombe calorimétrique.

Enfin, on a rapporté les chaleurs de combustions obtenues, à la réaction d'un poids donné de matière, tel qu'un gramme sur l'oxygène à volume constant; puis on les a réduites à leur valeur, à pression constante, par un procédé de calcul certain : c'est-à-dire fondé uniquement sur la connaissance de la composition centésimale de la matière brûlée, et indépendant de toute formule hypothétique, ainsi qu'il sera exposé plus loin, en parlant de l'albumine.

On donnera également le calcul des chaleurs de combustion, évaluées pour le cas où tout l'acide carbonique demeurerait dissous : ce qui est le cas des combustions opérées dans la profondeur des tissus vivants. Puis on fera un calcul analogue, en supposant l'azote éliminé à l'état d'urée dissoute, comme il arrive pour la majeure partie du poids de cet élément, tel qu'il est éliminé au sein de l'économie humaine. Enfin le dernier calcul sera fait dans une double hypothèse, celle où l'acide carbonique, produit en même temps que l'urée, se dégage aussitôt dans l'état gazeux, et celle où cet acide carbonique demeurerait dissous.

Observons que la dernière hypothèse fournit des données plus voisines de celles qui déterminent la production locale de la chaleur animale, dans les conditions physiologiques.

Entrons dans le détail.

I. ALBUMINE

Nous avons opéré sur de l'albumine d'œuf coagulée et desséchée à 100°, préparée et purifiée par M. Schützenberger.

Voici les résultats que nous ont fournis nos analyses de ce produit, en centièmes :

Éléments	1	2	3	Moyenne
C . . .	51,51	//	51,82	51,77
H . . .	6,91	//	7,15	7,03
Az (1) . .	15,43	//	//	15,43
S(2). . .	1,66	1,59	1,59	1,62
O . . .	//	//	//	24,15
				100,00
Cendres en plus 1,01				

(1) Dosé par la chaux sodée.

(2) Dosé dans la bombe à l'état d'acide sulfurique ; c'est-à-dire après combustion par l'oxygène comprimé à 25 atmosphères.

La richesse en carbone de l'albumine analysée par les différents auteurs varie et s'élève jusqu'à 54 centièmes. Mais ce dernier nombre a été observé sur des échantillons desséchés à 140°, au lieu de 100°. L'hydrogène et l'azote concordent sensiblement. De même, le soufre dosé par les anciennes méthodes (de 1,9 à 1,6 suivant les auteurs).

Voici les combustions opérées dans la bombe calorimétrique, sur l'échantillon précédent. Les poids sont rapportés, par le calcul, à la matière privée de cendres :

Données	I	II	III	IV
p	0gr,9833	0,8718	0,9138	0,9473
$\Sigma\mu$	2399,3	2399,3	2399,3	2399,3
Δt	2°,347	2,115	2,182	2 231
Q'	5631cal,16	5074,52	5235,27	5352,84
Fer. . . .	22,4 } 42cal,3	22,4 } 40cal,0	22,4 } 40cal,9	22,4 } 41cal,5
Ac. azot. (dosé).	19,9	17,6	18.5	19,1
Q	5588,86	5034,52	5194,37	5311,34
Pour 1gr à v.c.	5683cal,7	5774cal,6	5684,3	5606,8
Moyenne pour 1 gramme à volume constant.				5687cal,4

Ce chiffre se rapporte à 1 gramme, brûlé à volume constant, vers 9°; le soufre étant changé en acide sulfurique étendu, et l'acide carbonique dégagé sous forme gazeuse.

Il est facile de rapporter la chaleur de combustion de l'albumine à une pression constante, sans faire intervenir aucune formule hypothétique.

En effet, 24gr,15 d'oxygène contenu dans l'albumine employée suffisent à brûler 3gr,02 d'hydrogène. Le surplus de la combustion est effectué par l'oxygène libre. Or celui qui brûle le carbone [1] n'entre pas en compte, car il fournit sensiblement un volume d'acide carbonique égal au sien : ce qui ne change pas la pression.

Reste dès lors à tenir compte de l'oxygène qui disparaît, en formant d'une part de l'eau, aux dépens de l'excès d'hydrogène, et, d'autre part, de l'acide sulfurique étendu, aux dépens du soufre. Cela fait, pour les 4gr,01 d'hydrogène excédent, 32gr,04 d'oxygène, ou une molécule sensiblement : ce qui répond à un accroissement de chaleur dégagée égal à 0Cal,56, à 9° ; plus, pour 1gr,62 de soufre, 2gr,43 d'oxygène, ou $\frac{3}{10}$ de molécule sensiblement : ce qui répond encore à 0Cal,04 : en tout + 0Cal,60.

Mais l'azote qui devient libre dans la combustion produit un effet inverse : soit pour 15gr,4 ou $\frac{55}{100}$ de molécule : — 0Cal,31.

---

[1] Il en serait autrement avec une matière contenant trop peu d'hydrogène ; mais le calcul, quoique un peu différent, est également aisé à réaliser d'après les mêmes principes.

L'effet total, c'est-à-dire la différence entre les chaleurs de combustion à pression constante et à volume constant répond donc, en définitive, à $0^{Cal},29$, pour 100 grammes d'albumine brûlée; soit pour 1 gramme : $2^{cal},9$.

La *chaleur de combustion* de l'albumine employée dans ces expériences, étant rapportée à une pression constante, pour l'unité de poids de la matière employée, devient dès lors : $5\,690^{cal},3$.

On voit combien cette correction est petite, et comprise dans la limite des erreurs d'expérience. Elle est d'ailleurs à très peu près la même pour les autres principes albuminoïdes et elle tend à devenir nulle pour les principes, tels que la chitine, dont la composition se rapproche des hydrates de carbone.

Dans le cas où l'on admettrait que l'acide carbonique est demeuré entièrement dissous (1), la

---

(1) Douze grammes de carbone produisent une molécule d'acide carbonique, laquelle dégage 5600 calories, en se dissolvant dans un liquide aqueux. Dès lors, on calcule la chaleur de dissolution, pour le poids de l'acide carbonique produit dans le cas actuel, d'après la formule suivante :

$$\frac{P}{12} \times 5600 \text{ calories} = 466^{cal},7 \times P.$$

P étant le poids du carbone contenu dans 1 gramme de matière. Pour $0^{gr},518$ de carbone, cela fait $241^{cal},7$.

chaleur dégagée par la combustion de 1 gramme d'albumine s'élèverait à 5 932 calories.

L'albumine analysée contenait 51,8 centièmes de carbone (p. 100). Si on rapportait les calculs à une albumine renfermant 52,5 de carbone; comme on l'a fait dans d'autres parties du présent ouvrage, sa chaleur de combustion deviendrait 5 767 calories. On voit la nécessité de tout rapporter au poids de carbone.

Pour un poids d'albumine contenant 1 gramme de carbone, la chaleur de combustion à pression constante sera, en définitive, l'acide carbonique étant gazeux. . . . . . . 10 991 calories.

S'il était dissous, on aurait : 11 458 calories.

Cela ferait pour le poids moléculaire correspondant à la formule $C^{72}H^{112}Az^{18}SO^{22}$ de Lieberkühn, l'acide carbonique étant gazeux 9497 Calories.

Cet acide supposé dissous . . . 10 002;

Pour l'une des formules de M. Schützenberger:

$C^{240}H^{387}Az^{65}S^{3}O^{75}$: CO^2 gaz : 32 546 calories ;
CO^2 dissous . . . . 33 990 calories.

La *Chaleur de formation* de l'albumine par les éléments, depuis le carbone-diamant, est facile à déduire des chiffres ci-dessus. On obtient :

874 calories pour 1 gramme d'albumine ;

Et 1 689 calories, pour le poids d'albumine qui renferme 1 gramme de carbone.

soit, pour la formule de Lieberkühn : 1 460 Cal.

Et pour celle de M. Schützenberger : 4 866 Cal.

Le tout sous les réserves signalées plus haut.

C'est surtout dans l'étude des dédoublements, opérés par la méthode de M. Schützenberger, que les derniers chiffres prennent de l'intérêt.

Combustion avec formation d'urée. — L'azote étant éliminé sous forme d'urée dissoute, la chaleur de combustion, rapportée à 1 gramme d'albumine pure (de la composition ci-dessus), diminue de 833 calories. Ce qui la réduit à 4 857 calories, à pression constante, l'acide carbonique supposé gazeux.

Si cet acide était dissous, on aurait... 5 099 cal.

Si on rapporte la chaleur de combustion au poids d'albumine qui contient 1 gramme de carbone, sa valeur absolue, diminue de 1 610 calories, lorsqu'on la rapporte à l'urée : cela la réduit, CO^2 étant gazeux, à . . 9 381 calories ;

CO^2 et urée dissous à . . . 9 985 calories.

L'élimination de l'azote de l'albumine sous forme d'urée fait donc perdre près de 15 centièmes, ou 1 septième environ de la chaleur de combustion totale de cette substance.

La perte dépasserait 20 centièmes, si l'azote était éliminé sous la forme d'acide urique.

Le tableau suivant résume les indications précédentes :

Chaleur de combustion, à pression constante							
Combustion totale, l'azote éliminé à l'état gazeux				Combustion, l'azote éliminé sous forme d'urée dissoute			
Pour 1 gramme d'albumine		Pour 1 gramme de carbonne de l'albumine		Pour 1 gramme d'albumine		Pour 1 gramme de carbone de l'albumine	
CO^2 gaz.	CO^2 dissous	CO^2 gaz.	CO^2 dissous	CO^2 gaz.	CO^2 dissous	CO^2 gaz.	CO^2 dissous
Cal 5690,6	Cal 5932	Cal 10991	Cal 11458	Cal 4857	Cal 5099	Cal 9381	Cal 9985

Observons en terminant que les chiffres précédents sont applicables à tout échantillon d'albumine, lorsqu'on le rapporte à 1 gramme de carbone brûlé. Mais si l'on opérait avec un échantillon desséché, de façon à renfermer une proportion centésimale de cet élément, supérieure ou inférieure à 51,77 centièmes, il faudrait accroître ou augmenter proportionnellement les chaleurs de combustion et de formation.

La même remarque s'applique à tous les principes azotés qui vont suivre; mais leur analyse étant donnée, le calcul exact est facile.

II. FIBRINE DU SANG

Nous avons opéré sur la fibrine du sang de veau, recueillie à l'abattoir de la Villette et apportée aussitôt au Laboratoire du Collège de France. On l'a lavée et malaxée avec de l'eau, jusqu'à ce que celle-ci passât incolore, c'est-à-dire jusqu'à élimination totale du sang interposé. On l'a séchée alors vers 100°, au bain-marie; puis on l'a épluchée à la main, pour la débarrasser de diverses impuretés, mélangées mécaniquement. On l'a alors épuisée par l'éther, de façon à éliminer la graisse; puis on l'a séchée à 115°. Dans cet état, elle s'est laissée pulvériser; puis on l'a desséchée de nouveau, à la même température.

Voici la composition de l'échantillon qui avait subi ces traitements et sur lequel les combustions ont été opérées :

Composition des échantillons

Éléments	I	II	Moyenne
C.	51,17	51,10	51,13
H	6,88	6,93	6,90
Az[1]	17,57	17,43	17,50
S[2].	1,19		1,19
O			23,28
			100,00
Cendres en plus 1,23			

Trois combustions ont été exécutées dans la bombe calorimétrique (les cendres étant déduites des poids donnés ci-dessous) :

Données	I	II	III
p	$1^{gr},0917$	0,9757	1,0779
$\Sigma\mu$	2399,5	2399,5	2399,5
Δt.	$2^{\circ},524$	2,262	2,515
Q'.	6056,34	5427,67	6034,74
Fer	22,4 } $4^{cal},35$	22,4 } $41^{cal},2$	22,4 } $42^{cal},7$
Acide azot. dosé.	21,1[3] }	18,8 }	19,7 }
Q	$6012^{cal},84$	5386,47	5992,04
Pour 1^{gr} à v. c.	$5507^{cal},7$	5520,6	5558,9

Moyenne pour 1 gramme. { $5529^{cal},1$ à volume constant. } CO^2 gaz ; $5532^{cal},4$ à pression constante. } CO^2 gaz ; $5760^{cal},4$ CO^2 dissous.

(1) Dosé en volume ; procédé Dumas.

(2) Dosé dans la bombe, sous forme d'acide sulfurique.

(3) Dosé par la différence du titre acide, comme plus

On aura, pour le poids de fibrine qui contient 1 gramme de carbone brûlé, à pression constante,

CO^2 dissous . . . . . . 10 820 calories;

CO^2 gaz . . . . 11 287 calories.

Chaleur de formation par les éléments. — Pour 1 gramme de fibrine . . 918 calories.

Pour le poids de fibrine contenant 1 gramme de carbone . . . . 1 796 calories.

Combustion avec formation d'urée. — La perte en chaleur, pour 1 gramme de fibrine, est de 946 calories ; ce qui réduit la chaleur de combustion, à pression constante : CO^2 et urée dissous, 4 586 calories ; CO^2 gaz, 4 824 calories.

Pour le poids de fibrine contenant 1 gramme de carbone, la chaleur de combustion devient

CO^2 gaz . . . . 8 970 calories;

CO^2 et urée dissous . . . 9 437 calories.

III. CHAIR MUSCULAIRE

Viande de bœuf (filet) hachée, lavée à l'alcool, puis à l'éther, séchée, pulvérisée, séchée à 115°.

---

haut. Dans la combustion (II), on a en outre dosé spécialement l'acide azotique, sous forme de bioxyde d'azote : le résultat (0gr,0712 Az^2O^5) a été concordant avec le dosage indirect.

Composition de l'échantillon, sur 100 *parties* :

Éléments	I	II	III	Moyenne
C . . .	53,74	53,68		53,71
H . . .	7,30	7,47		7,38
Az(1) . .	18,19			18,19
S(2). . .	1,09	1,19(2)	1,26(3)	1,18
P(3) . .	0,67	0,62		0,65
O . . .				18,89
				100,0
Cendres en plus 2,45				

Trois combustions dans la bombe calorimétrique :

Données	I		II		III	
p	$1^{gr},1142$		$1^{gr},2351$		$1^{gr},2589$	
$\Sigma\mu$	2399,5		2399,5		2399,5	
Δt	$2^{o},676$		$2^{o},980$		$3^{o},016$	
Q'.	6421,06		7150,5		7236,89	
Fer	22,4	$44^{cal},5$	22,4	$46^{cal},9$	22,4	$47^{cal},4$
Acide az. dosé.	22,1		24,5		25,0	
Q.	6376,6		7103,6		7189,5	
Pour 1^{gr} à v. c.	$5722^{cal},9$		5751,4		5710,9	

Moyenne pour 1 gramme.
- $5728^{cal},4$ à volume constant. } CO^2 gaz
- $5731^{cal},4$ à pression constante. } CO^2 gaz
- $6017^{cal},8$ CO^2 dissous.

(1) En volume.

(2) Combustion dans la bombe.

(3) Détermination au moyen du carbonate de soude

Pour le poids de chair qui contient 1 gramme de carbone : à pression constante

CO^2 gaz . . . . 10 671 calories ;

CO^2 dissous . . . . . . 11 138 calories.

Chaleur de formation par les éléments. — Pour 1 gramme de chair. . 1 137 calories.

Pour le poids de chair contenant 1 gramme de carbone . . . . 2 117 calories.

Combustion avec formation d'urée. — Perte en chaleur, pour 1 gramme de chair : 982 calories ; ce qui réduit la chaleur de combustion, à pression constante, aux valeurs suivantes :

CO^2 gaz. . . . . 4 749 calories ;

CO^2 et urée dissous . . . 5 036 calories.

Pour le poids de chair contenant 1 gramme de carbone, perte en chaleur . 1 830 calories.

Chaleur de combustion correspondante :

CO^2 gaz. . . . . 8 841 calories ;

CO^2 et urée dissous . . . 9 308 calories.

---

et de l'oxygène, *Ann. de Ch. et de phys.*, 6e série, t. XV, p. 121).

Les procédés d'analyse étant les mêmes pour tous les corps azotés, on n'en reproduira pas l'indication dans ce qui suit.

IV. HÉMOGLOBINE DU CHEVAL (1).

Séchée à 115°. *Composition de l'échantillon :*

Éléments	I	II	Moyenne
C	55,54	55,44	55,48
H	7,18	7,42	7,30
Az	17,64	//	17,64
S	1,11	//	1,11
P	0,82	//	0,82
O	//	//	17,62
Cendres insensibles			

Trois combustions :

Données	I	II	III
p	1gr,0776	0gr,9325	1gr,0957
$\Sigma\mu$	2 399,5	2 399,5	2 399,5
Δt	2°,672	2°,310	2°,722
Q'.	6 411cal,46	5 547,56	6 531,44
Fer	22,4 } 45cal,4	22,4 } 42cal,4	22,4 } 45cal,8
Acide azot. . .	23,0	20	23,4
Q	6 366cal,1	5 505,2	6 485,6
Pour 1gr a v. c. .	5 907cal,4	5 903,4	5 919,1

Moyenne pour 1 gramme { 5 910cal, à volume constant. } CO^2 gaz
5 914cal,8 à pression constante. }
6 173cal,9 CO^2 dissous.

(1) Donnée par M. Bouchardat.

Valeur rapportée à 1 gramme de carbone, à pression constante :

CO^2 gaz . . . . 10 617 calories ;
CO^2 dissous . . . . . . 11 084 calories.

Chaleur de formation par les éléments : pour 1 gramme d'hémoglobine . . . 1 066^{cal}.

Valeur rapportée à 1^{gr} de carbone : 1 931^{cal},4.

Combustion avec formation d'urée : pour 1^{gr} d'hémoglobine (en moins, 951), à pression constante :

CO^2 gaz . . . . 4 964 calories ;
CO^2 et urée dissous . . . 5 223 calories.

Pour 1^{gr} de carbone, etc. (en moins, 1 715) :

CO^2 gaz . . . . 8 902 calories ;
CO^2 et urée dissous . . . 9 369 calories.

V. CASÉINE DU LAIT (1)

Séchée à 115°. *Composition de l'échantillon* :

Éléments	I	II	III	IV	Moyenne
C	50,83	//	50,79	//	50,81
H	6,92	//	7,07	//	7,00
Az	15,37	//	//	//	15,37
S	1,58	1,62	1,61	1,70	1,63
P	1,18	//	//	//	1,18
O	//	//	//	//	24,01
Cendres en plus. . .				0,64	

(1) Donnée par M. Schützenberger.

Combustions données	I	II	III	IV
p	0gr,8189	0,8414	0,8726	0,8545
$\Sigma\mu$	2399,3	2399,3	2399,3	2399,3
Δt	1°,925	2°,009	2°,072	2°,009
Q′	4618,65	4820,19	4971,35	4820,19
Fer	22,4 } 41cal,8	22,4 } 42cal,6	22,4 } 43cal,1	22,4 } 42cal,7
Acide azotique	19,4	20,2	20,7	20,3
Q	4576,85	4777,59	4928,25	4777,49
Pour 1 gramme à vol. constant	5589,0	5678,1	5647,7	5530,9

Moyenne pour 1 gramme. . . . .
- 5626cal,4 à volume constant. } CO^2 gaz
- 5678cal,2 à pression constante. } CO^2 gaz
- 5868cal CO^2 dissous.

Valeur rapportée à 1 gramme de carbone, etc. :

CO^2 gaz . . . . 11 080 calories ;

CO^2 dissous . . . . . . 11 547 calories.

Chaleur de formation par les éléments : pour 1gr de caséine . . . . 927cal,5.

Valeur rapportée à 1gr de carbone . 1 825cal.

Combustion avec formation d'urée : pour 1gr de caséine (830, en moins) à pression constante :

CO^2 gaz . . . . 4 799 calories ;

CO^2 et urée dissous . . . 5 038 calories.

Pour 1 gramme de carbone, etc. (en moins, 1600) :

CO^2 gaz . . . . 9 580 calories ;

CO^2 et urée dissous . . . 9 947 calories.

VI. OSSÉINE (1)

Séchée à 115°. *Composition de l'échantillon* :

Éléments	I	II	Moyenne
C.	50,16	50,05	50,10
H.	6,99	7,03	7,01
Az . . .	17,91	//	17,91
S.	0,38	0,38	0,38
O.	//	//	24,60
Cendres en plus			0,29

(1) Donnée par M. Schützenberger. Purifiée par l'éther.

Trois combustions dans la bombe calorimétrique :

Données	I	II	III
p	$0^{gr},8274$	$0^{gr},7855$	$0^{gr},9069$
$\Sigma\mu$	2399,3	2399,3	2399,3
Δt	$1^{\circ},878$	$1^{\circ},791$	$2^{\circ},060$
Q′.	$4505,^{cal},89$	4297,15	4942,56
Fer	22,4 } $37^{cal},5$	22,4 } $36^{cal},8$	22,4 } $39^{cal},0$
Acide azot. . .	15,1 }	14,4 }	16,6 }
Q	4468,39	4260,35	4903,56
Pour 1^{gr} à v. c. .	5400,5	5423,7	5406,9

Moyenne pour 1 gramme. { $5410^{cal},4$ à volume constant. / 5414^{cal} à pression constante. } CO^2 gaz / $5647^{cal},8$ CO^2 gaz.

Valeur rapportée à 1^{gr} de carbone, etc., à pression constante :

CO^2 gaz . . . . 10 806 calories ;
CO^2 dissous . . . . . . 11 273 calories.

Chaleur de formation par les éléments : pour 1^{gr} d'osséine . . . . 954^{cal}.
Valeur rapportée à 1^{gr} de carbone. . $1\,904^{cal}$.

Combustion avec formation d'urée : pour 1 gramme (en moins, 970), à pression constante :

CO^2 gaz . . . . 4 544 calories ;
CO^2 dissous. . . . . . . 4 678 calories.

Pour 1 gramme de carbone, etc. (en moins, 1 930) :

CO^2 gaz . . . . 8 976 calories ;
CO^2 et urée dissous . . . 9 343 calories.

VII. CHONDRINE DE VEAU.

Cartilages costaux du veau, finement découpés et mis à bouillir avec de l'eau pendant une heure environ ; décantation ; le résidu mis de nouveau à bouillir, etc. Ces opérations ont été répétées six à sept fois sur 500 grammes de cartilages.

Toutes les eaux étant évaporées au bain-marie, le résidu se prend en masse. Division de la masse et séchage au bain-marie, jusqu'à ce que la matière prenne un aspect corné et dur. Cette matière a été broyée, puis traitée par l'alcool et l'éther, enfin séchée à 115°.

Composition de l'échantillon (séché à 115°) :

Éléments	I	II	III	IV	V	VI	Moyenne
C . . .	52,01	51,50	50,46	50,66	50,58	50,13	50,89
H . . .	7,09	7,22	7,33	7,11	6,98	7,12	7,14
Az . .	15,60	//	//	//	//	//	//
S . . .	1,91	2,02	//	//	//	//	2,00
P . . .	0,49	0,42	//	//	//	//	0,45
O . . .	//	//	//	//	//	//	23,93
Cendres en plus.						6,35	

Trois combustions dans la bombe calorimétrique.

Données	I	II	III
p	1gr,0731	1gr3885	0gr,9399
$\Sigma\mu$	2399,5	2399,5	2399,5
$\Delta' t$	2°,370	3°,082	2°,081
Q'	5763,60	7472,04	5055,75
Fer	22,4 } $37^{cal},9$	22,4 } $42^{cal},4$	22,4 } $36^{cal},0$
Acide azot. . .	15,5 }	20 }	13,6 }
Q	5725,7	7429,6	5019,7
Pour 1gr à v. c.	5335,6	5350,8	5340,7

Moyenne pour 1 gramme { $5342^{cal},4$ à volume constant. / $5345^{cal},8$ à pression constante. } CO^2 gaz
{ $5583^{cal},8$ CO^2 dissous.

Valeur rapportée à 1gr de carbone, etc. : à pression constante,

CO^2 gaz . . . . 10 544 calories;
CO^2 dissous . . . . . . 11 011 calories.

Chaleur de formation par les éléments : pour 1 gramme de chondrine. . . . 1 226 calories.

Combustion avec formation d'urée : pour 1 gramme de chondrine (en moins, 840) : à pression constante :

CO^2 gaz. . . . . 4 506 calories;
CO^2 et urée dissous . . . 4 744 calories.

Pour 1 gramme de carbone, etc. (en moins, 1 620) :

CO^2 gaz. . . . . 8 924 calories;
CO^2 et urée dissous . . . 9 391 calories.

VIII. VITELLINE.

Le jaune d'œuf coagulé par la chaleur, divisé, séché dans le vide (voir plus loin), a été traité par l'alcool froid, jusqu'à ce que ce liquide ne se colorât plus, puis ensuite par l'éther, jusqu'à disparition de la matière grasse. Séché dans le vide à la température ordinaire.

Composition de l'échantillon :

Éléments	I	II	Moyenne
C	52,01	51,60	51,80
H	7,61	7,50	7,55
Az.	15,47	//	15,47
S	1,26	1,25	1,25
P	1,66	//	1,66
O	//	//	22,27
Cendres en plus			4,40

Trois combustions dans la bombe calorimétrique :

Données	I	II	III
p	1gr,0971	1,0474	1,0167
$\Sigma\mu$	2399,5	2399,5	2399,5
Δt.	2°,659	2,542	2,467
Q'.	6380,27	6099,53	5919,57
Fer	22,4 } 38cal,6	22,4 } 38cal,0	22,4 } 37cal,5
Acide azotique .	16,2	15,1	15,1
Q	6341,7	6061,5	5882,1
Pour 1gr à v. c.	5780cal,4	5776,5	5785,4

Moyenne pour 1 gramme :
- 5780cal,6 à volume constant. } CO^2 gaz
- 5784cal,1 à pression constante. } CO^2 gaz
- 6025cal,8 CO^2 dissous.

Valeur rapportée à 1^{gr} de carbone, etc. :

CO^2 gaz . . . . 11 166 calories ;

CO^2 dissous . . . . . . 11 633 calories.

Chaleur de formation par les éléments ; pour 1 gramme de vitelline . . . . . . $1\,055^{cal}$.

Valeur rapportée à 1^{gr} de carbone . $2\,037^{cal}$.

Combustion avec formation d'urée : pour 1 gramme de vitelline (en moins, 830) à pression constante :

CO^2 gaz . . . . 4 954 calories ;

CO^2 et urée dissous . . . 5 195 calories.

Pour 1 gramme de carbone, etc. (en moins, 1 870) :

CO^2 gaz. . . . . 8 576 calories ;

CO^2 et urée dissous . . . 9 763 calories.

IX. JAUNE D'ŒUF

Nous avons cru utile de joindre à la détermination précédente celle du jaune d'œuf brut, coagulé par la chaleur, puis divisé et séché à froid dans le vide pendant plusieurs jours, en divisant chaque jour la matière.

L'importance de cette substance, au point de vue de la nutrition de l'embryon, est toute particulière.

Composition de l'échantillon, sans aucun autre traitement (c'est-à-dire avec les matières grasses) :

Éléments	1	2	3	Moyenne
C	67,14	67,93	67,16	67,41
H	10,37	10,14	10,10	10,20
Az	7,65	//	//	7,65
S	0,47	0,30	//	0,39
P	1,82	//	//	1,82
O	//	//	//	12,53
Cendres en plus.				2,64

Trois combustions dans la bombe calorimétrique :

Données	I	II	III
p	1gr,0460	0,9653	1,1272
$\Sigma\mu$	2399,5	2399,5	2399,5
Δt.	3°,547	3,273	3,841
Q'.	8511,03	7853,56	9216,48
Fer	22,4 } 38cal,9	22,4 } 37cal,6	22,4 } 40cal,2
Acide azot. . .	16,5	15,2	17,8
Q	8472,1	7816,0	9171,3
Pour 1gr à v. c. .	8099cal,5	8096,9	8140,7

Moyenne pour 1 gramme. { 8 112cal,4 à volume constant. } { CO^2 gaz
8 124, 2 à pression constante. }
8 538, 7 CO^2 dissous.

Valeur rapportée à 1 gramme de carbone, etc., à pression constante :

CO^2 gaz	12 052 calories ;
CO^2 dissous	12 519 calories.

Chaleur de formation par les éléments : pour 1 gramme de jaune d'œuf . . . . 828^{cal}.
Valeur rapportée à 1^{gr} de carbone . 1 228^{cal}.

Combustion avec formation d'urée : pour 1 gramme de jaune d'œuf (en moins, 420), à pression constante.

CO^2 gaz.	7 704 calories ;
CO^2 et urée dissous . . .	8 119 calories.

Pour 1 gramme de carbone, etc. (en moins, 620),

CO^2 gaz	11 632 calories ;
CO^2 et urée dissous. . .	11 899 calories.

Ces chiffres sont beaucoup plus forts que ceux de la vitelline, à cause de la présence des corps gras. Au contraire, la chaleur de formation par les éléments est plus faible, pour la même raison.

X. FIBRINE VÉGÉTALE.

Une portion du gluten de l'échantillon suivant (XI) a été séchée et concassée, puis traitée par l'alcool bouillant, jusqu'à ce que la liqueur filtrée ne donnât plus de dépôt ; puis on a traité par l'éther bouillant. On a séché à froid la matière, on l'a pulvérisée et séchée à 115°.

Composition de l'échantillon :

Éléments	1	2	Moyenne
C	53,73	53,69	53,71
H	7,23	7,39	7,31
Az.	17,44	17,43	17,43
S	1,10	0,97	1,05
P	0,39	//	0,39
O	//	//	20,11
Cendres en plus			0,28

Cinq combustions dans la bombe calorimétrique :

Données	I	II	III	IV	V
p	0^{gr},9249	1,0293	1,0930	0,9222	0,8965
$\Sigma\mu$	2399,5	2399,5	2399,5	2399,5	2399,5
Δt	2°,254	2,523	2,666	2,280	2,187
Q′	5408,47	6054,12	6397,25	5471,02	5247,86
Fer	22,4 }	22,4 }	22,4 }	22,4 }	22,4 }
Acide azotique	12,5 } 34^{cal},9	14,0 } 36^{cal},4	14,9 } 37^{cal},3	12,4 } 46^{cal},3	12,2 } 44^{cal},35
				coton-poudre 11,4 }	coton-poudre 9,75 }
Q	5373,6	6017,7	6360,0	5424,8	5203,5
Pour 1^{gr} à v. c.	5809^{cal},8	5846,4	5818,8	5882,5	5804,2

La combustion de cette fibrine a donné lieu à des écarts plus sensibles qu'aucun autre principe albuminoïde ; ce qui nous a engagés à faire deux mesures spéciales, avec le concours d'une petite quantité de coton-poudre, ainsi qu'il est indiqué dans le tableau de la page précédente. Les résultats sont demeurés du même ordre de grandeur.

Moyenne pour 1 gramme.	5 832^{cal},3 à volume constant.	CO^2 gaz
	5 836, 5 à pression constante.	
	6 087, 1 CO^2 dissous.	

Valeur rapportée à 1 gramme de carbone, à pression constante :

CO^2 gaz . . . . 10 807 calories ;
CO^2 dissous . . . . . 11 274 calories.

Chaleur de formation par les éléments : pour 1 gramme de fibrine végétale . . . 970^{cal}.
Valeur rapportée à 1^{gr} de carbone. . 1 806^{cal}.

Combustion avec formation d'urée : pour 1 gramme de fibrine végétale (en moins, 950), à pression constante :

CO^2 gaz . . . . 4 986 calories ;
CO^2 et urée dissous . . . 5 137 calories.

Pour 1 gramme de carbone, etc. (en moins, 1 760),

CO^2 gaz . . . . 9 047 calories ;
CO^2 et urée dissous . . . 9 514 calories.

. . . .

XI. GLUTEN BRUT.

Retiré de la farine sous un filet d'eau ; puis repris, sous un filet d'eau, trois à quatre fois. Séché à froid, concassé, pulvérisé et séché de nouveau à 115°.

Composition de l'échantillon :

Éléments	1	2	Moyenne
C	54,98	55,25	55,11
H	7,61	7,39	7,53
Az.	15,53	15,92	15,73
S	0,90	1,10	1,00
P	//	0,33	0,33
O	//	//	20,30
Cendres en plus.			0,21

Quatre combustions :

Données	I	II	III	IV
p	1gr,1321	0,964	0,9447	0,9446
$\Sigma\mu$ . . .	2399,5	2399,5	2399,5	2899,5
Δt. . . .	2,830	2,430	2,386	2,382
Q'. . . .	6790,02	5830,96	5725,37	5715,78
Fer . . .	22,4 } 37cal,81	22,4 }	22,4 }	22,4 }
Ac. az. dosé [1]	15,4 } coton-p.	3,1 } 44cal,3	12,8 } 57cal,0	12,9 } 42cal,8
		8,8 }	21,8 }	7,5 }
Q	6752,2	5786,7	5668,4	5673,0
Pour 1gr à v.c.	5964,3	6002,7	6000,1	5994,2

Moyenne pour 1 gramme. { 5990cal,3 à volume constant. } CO^2 gaz;
5904,8 à pression contante.
6252 CO^2 dissous.

Valeur rapportée à 1gr de carbone, etc. : à pression constante :

CO^2 gaz . . . . 10 878 calories;
CO^2 dissous . . . . . . 11 345 calories.

Chaleur de formation par les éléments : pour 1 gramme de gluten . . . 999cal,4.
Valeur rapportée à 1gr de carbone. 1 795cal.

Combustion avec formation d'urée : pour 1 gramme de gluten (en moins, 750), à pression constante :

CO^2 gaz . . . . 5 245 calories;
CO^2 et urée dissous . . . 5 502 calories.

Pour 1 gramme de carbone (en moins, 1 540),

CO^2 gaz . . . . 9 338 calories;
CO^2 et urée dissous . . . 9 805 calories.

XII. COLLE DE POISSON DE RUSSIE OU ICHTHYOCOLLE

Achetée dans le commerce; traitée par l'éther froid, séchée à 115°.

Composition de l'échantillon :

Éléments	1	2	Moyenne
C.	48,52	48,55	48,53
H	6,92	6,91	6,91
Az	18,54	18,36	18,45
S	0,57	//	0,57
O	//	//	25,54

Cendres en plus. 0,74

Trois combustions dans la bombe calorimétrique :

Données	I	II	III
p.	1^{gr},1417	1,2108	1,1834
$\Sigma\mu$	2399,5	2399,5	2399,5
Δt	2°,516	2,655	2,606
Q'	6037,14	6370,67	6253,10
Fer	22,4 } 43^{cal},6	22,4 } 44^{cal},9	22,4 } 44^{cal},4
Acide azotique (0^{gr},0831 AzO^5) . .	21,2	22,5	22,0
Q.	5993,7	6325,8	6208,7
Pour 1 gramme . .	5249^{cal},6	5224,4	5246,4

Moyenne pour 1 gramme. { 5240^{cal},1 à volume constant. } { CO^2 gaz ;
5242 à pression constante; }
5268, 4 CO^2 dissous.

Valeur rapportée à 1 gramme de carbone, etc., à pression constante :

CO^2 gaz . . . . 10 800 calories;

CO^2 et urée dissous . . . 11 267 calories.

Chaleur de formation par les éléments : pour 1 gramme d'ichthyocolle. . . 991^{cal}.

Valeur rapportée à 1^{gr} de carbone. 2 026^{cal}.

Combustion avec formation d'urée : pour 1 gramme d'ichthyocolle (en moins, 1 050),

CO^2 gaz . . . . 4 192 calories;

CO^2 et urée dissous . . . 5 218 calories.

Pour 1 gramme de carbone (en moins, 2 160),

CO^2 gaz . . . . 8 640 calories;

CO^2 et urée dissous . . . 9 117 calories.

XIII. FIBROINE

Dégraissée à l'éther, séchée à 115°.

Composition de l'échantillon :

Éléments	1	2	Moyenne
C.	48,31	47,87	48,09
H	6,46	6,27	6,37
Az	17,96	//	17,96
S.	0,17	//	0,17
O	//	//	27,41
Cendres en plus. . . .		0,35	

Trois combustions dans la bombe calorimétrique :

Données	I	II	III
p	$0^{gr},8593$	0,8070	0,8744
$\Sigma\mu$	2399,5	2399,5	2399,5
Δt	$1^{\circ},852$	1,723	1,872
Q'	4443,87	4134,34	4491,86
Fer	22,4 } $41^{cal},0$	22,4 } $39^{cal},9$	22,4 } $41^{cal},3$
Acide azotique . .	18,6 } $0^{gr},0662$	17,5	18,9
Q.	4402,9	4094,4	4450,6
Pour 1 gramme à volume constant.	$5123^{cal},8$	5073,6	5089,8

Moyenne pour 1 gramme.	
$5095^{cal},7$ à volume constant.	CO^2 gaz ;
5097 à pression constante;	CO^2 gaz ;
5321, 5 CO^2 dissous.	

Valeur rapportée à 1 gramme de carbone, à pression constante :

CO^2 gaz . . . . 10 599 calories ;
CO^2 dissous . . . . . . 11 066 calories.

Chaleur de formation par les éléments : pour 1 gramme de fibroïne . . . 890^{cal}.

Valeur rapportée à 1^{gr} de carbone. 1 848^{cal}.

Combustion avec formation d'urée : pour 1 gramme de fibroïne (en moins, 1 020) :

CO^2 gaz . . . . 4 077 calories ;
CO^2 dissous. . . . . . . 4 201 calories.

Pour 1 gramme de carbone (en moins, 2 120),

CO^2 gaz . . . . 8 479 calories ;
CO^2 et urée dissous . . . 8 946 calories.

XIV. LAINE

Dégraissée à l'éther ; donnée par M. Schützenberger ; séchée à 115°.

Composition de l'échantillon :

Éléments	1	2	Moyenne
C.	49,89	50,43	50,18
H	6,89	6,97	6,93
Az	18,29	//	18,29
S	3,71	3,59	3,65
P	0,0	//	//
O	//	//	20,97
Cendres en plus. 0,64			

Cinq combustions, dont l'une a été perdue.

Données	I	II	III	IV
p	0gr,8782	0,9843	1,0006	0,9538
$\Sigma\mu$ . . .	2399,5	2399,5	2399,5	2399,5
Δt. . . .	2°,049	2,296	2370	2,198
Q'. . . .	4916,64	5509,30	5686,86	5274,14
Fer . . .	22,4 } 3cal,57	22,4 } 3cal,73	22,4 } 37cal,5	22,4 } 36cal,8
Ac. azot. .	13,3	14,9	15,1	14,4
Q	4880,94	5472,0	5649,36	5237,34
Pour 1gr à v.c.	5557cal,9	5559,2	5648 9	5491,0

Moyenne pour 1 gramme. { 5564cal,2 à volume constant. } CO² gaz ; 5567, 3 à pression constante. } 5801, 5 CO² dissous.

Valeur rapportée à 1 gramme de carbone, à pression constante :

CO^2 gaz . . . . 11 099 calories ;

CO^2 dissous . . . . . . 11 566 calories.

Chaleur de formation par les éléments : pour 1 gramme de laine . . . . 928cal.

Valeur rapportée à 1gr de carbone. 1 849cal.

Combustion avec formation d'urée : pour 1 gramme de laine, (en moins 1 040), à pression constante :

CO^2 gaz . . . . 4 537cal.

CO^2 et urée dissous. . . . . 4 841cal,5.

Pour 1 gramme de carbone (en moins, 2 090) :

CO^2 gaz . . . . 9 009 calories ;
CO^2 et urée dissous . . . 9 476 calories.

XV. CHITINE

Carapaces de homards et de crabes, lavées à l'eau, bouillies ensuite avec de l'eau, puis épluchées et traitées par HCl dilué, froid d'abord, ensuite bouillant. Traitements répétés trois fois, puis traitement par la soude étendue à chaud. Lavage à l'eau. Dernier traitement par HCl concentré bouillant et lavage à l'eau. Séché à 115°.

Composition de l'échantillon :

Éléments	1	2	Moyenne
C.	46,76	46,89	46,82
H	6,77	6,75	6,76
Az	7,77	//	//
S.	0,15	//	0,15
Cendres en plus. 0,30			

Trois combustions dans la bombe calorimétrique :

Données	I	II	III
p.	1gr,3007	1,5751	1,3221
$\Sigma\mu$	2399,5	2399,5	2399,5
Δt	2,546	3,068	2,581
Q′	6109,13	7361,67	6193,11
Fer	22,4 } 39cal,6	22,4 } 43cal,3	22,4 } 35cal,0
Acide azotique. .	17,2 }	20,9 }	12,6 }
Q.	6069,5	7318,4	6158,1
Pour 1 gramme à volume constant.	4666cal,3	4646,2	4654,0

Moyenne pour 1 gramme. { 4655cal à volume constant et à pression constante ; CO^2 gaz ; 4873, 5, CO^2 dissous.

Valeur rapportée à 1 gramme de carbone, à volume constant et à pression constante :

CO^2 gaz . . . . 9 943 calories;

CO^2 dissous . . . . . 10 410 calories.

Chaleur de formation par les éléments : pour 1 gramme de chitine . . . . . . 1 263cal.

Valeur rapportée à 1gr de carbone. 2 697cal.

Combustion avec formation d'urée : pour 1 gramme de chitine (en moins, 420), à pression constante et à volume constant :

CO^2 gaz . . . . 4 235cal.

CO^2 et urée dissous. . . . . 4 453cal,5.

Pour 1 gramme de carbone (en moins, 900) :
CO^2 gaz . . . . 9 043 calories ;
CO^2 et urée dissous . . . 9 510 calories.

XVI. TUNICINE

Ascidies (1), dont on a pris la tunique. Traitement par l'eau bouillante, puis par HCl concentré, trois à quatre fois ; puis par la soude étendue ; lavage à l'eau ; traitement de nouveau par HCl, lavage à l'eau prolongé, puis découpage en menus morceaux.

Derniers traitements par alcool et éther. Séché à 115°.

Composition de l'échantillon :

Éléments	1	2	Moyenne
C	45,41	45,69	45,55
H	6,56	6,65	6,60
Az	1,88	//	1,88
S.	0,50	//	0,50
P	0,14	//	0,14
Oxygène			45,33
Cendres.		4,49 en plus	

(1) Données obligeamment par M. Marion, professeur à la Faculté des Sciences de Marseille.

Quatre combustions dans la bombe calorimétrique :

Données	I	II	III	IV
p	1gr,3171	1,1821	1,2317	1,3115
$\Sigma\mu$	2399,5	2399,5	2399,5	2399,5
Δt	2°,298	2,074	2,117	2,280
Q'	5514cal,05	4976cal,56	5079,74	5470,86
Fer	22,4 } 33cal,3	22,4 } 32cal,2	22,4 } 32cal,7	22,4 } 33cal,3
Acide azotique . .	10,9	9,8	10,3	10,9
Q	5481cal,7	4944,4	5047,0	5437,6
Pour 1gr à v. c. .	4161cal,2	4182,5	4097,6	4146,0

Moyenne pour 1 gramme. { 4146cal,8 à volume constant et à pression constante ; CO^2 gaz ; 4359, 3 CO^2 dissous.

Ce nombre est peu différent de la cellulose, qui nous a donné 4210 calories (CO^2 gaz).

Valeur rapportée à 1 gramme de carbone, à pression constante et à volume constant :

CO^2 gaz . . . . 8 978 calories;

CO^2 et urée dissous . . . 9 445 calories.

Chaleur de formation par les éléments : pour 1 gramme de tunicine . . . . . . 1 741cal.

Valeur rapportée à 1gr de carbone. 3 822cal.

Combustion avec formation d'urée ; pour 1 gramme de tunicine (en moins, 100), à pression constante et à volume constant :

CO^2 gaz . . . . 4 046^{cal},8 ;
CO^2 dissous . . . . 4 259^{cal}.
Pour 1 gramme de carbone (en moins, 220) :
CO^2 gaz. . . . . 8 758 calories ;
CO^2 et urée dissous . . . 9 225 calories.

Le tableau suivant résume nos résultats :

Noms des matières	Chaleur de combustion — Pour 1 gramme de matière		Chaleur de combustion — Pour 1 gramme carbone de la matière		Pour 1 gramme carbone de la matière, l'azote étant éliminé sous forme d'urée		Déficit dans le cas de l'urée
	CO^2 gaz	CO^2 dissous	CO^2 gaz	CO^2 dissous	CO^2 gaz	CO^2 dissous	
Albumine . . .	5691	5932	10991	11458	9381	9985	15 cent.
Fibrine du sang.	5532	5760	10820	11287	8970	9435	17 //
Chair musculaire (dégraissée).	5731	6018	10671	11138	8841	9308	17 //
Hémoglobine . .	5915	6174	10617	11084	8902	9369	16 //
Caséine	5629	5868	11080	11547	9580	9947	15 //
Osséine	5414	5648	10806	11273	8976	9343	17 //
Chondrine . . .	5346	5584	10544	11011	8924	9391	15 //
Vitelline . . .	5784	6026	11166	11633	8576	9763	14 //
Jaune d'œuf . .	8124	8539	12052	12519	11632	11899	5 //
Fibrine végétale.	5836,5	6087	10807	11274	9047	9514	16 //
Gluten brut . .	5995	6252	10878	11345	9338	9805	14 //
Colle de poisson.	5242	5268	10800	11267	8640	9117	20 //
Fibroïne . . .	5097	5321,5	10599	11066	8479	8946	20 //
Laine	5567	5801,5	11099	11566	9009	9476	19 //
Chitine	4655,5	4873,5	9943	10410	9043	9510	9 //
Tunicine . . .	4147	4359	8978	9445	8758	9225	2,4 //

D'après Stohmann, on a encore :

Noms des matières	Chaleur de combustion	
	Pour 1 gramme de matière	Pour 1 gramme de carbone
Albumine cristallisée. . .	5672	10804
Légumine	5793	10885
Syntonine.	5908	11014
Peptone	5299	10576

La valeur moyenne de la chaleur de combustion pour les *corps albuminoïdes*, susceptibles de jouer un rôle alimentaire, tels que l'albumine, la fibrine du sang, l'hémoglobine, la chair musculaire, la caséine, l'osséine, la vitelline, la fibrine végétale, est

Pour 1 gramme de matière :

CO^2 gaz . . . . 5 691 calories,

et pour un poids de ces substances contenant 1 gramme de carbone :

CO^2 gaz . . . . 10 870 calories ;

CO^2 dissous . . . . . . 11 337 calories ;

valeurs moyennes, qui peuvent être adoptées, les dernières surtout, pour les principes albuminoïdes en général.

La déperdition de chaleur, due à l'élimination de l'azote sous forme d'urée, s'élève en moyenne à 16 centièmes ; ou à un sixième environ de la chaleur de combustion totale de ces diverses substances.

Quant à l'évaluation de la chaleur de combustion des matières alimentaires et par conséquent de leur valeur alibile, telles qu'on les emploie dans la consommation, elle ne saurait être l'objet de calculs rigoureux, d'après la seule connaissance de leur poids, en raison de la variabilité de la quantité d'eau contenue dans ces matières.

Envisageons maintenant la chaleur de combustion moyenne des *hydrates de carbone*. D'après nos déterminations, elle s'élève à 682 Calories, pour les poids moléculaires des hydrates de carbone qui renferment 6 atomes de carbone. Cela fait, pour le poids des hydrates de carbone renfermant 1 gramme de carbone :

CO^2 étant gazeux . . . . 9 470 calories ;
CO^2 dissous . . . . . 9 933 calories.

Ces chiffres, rapportés à l'unité de poids des aliments, varient nécessairement, en raison de l'état d'hydratation différente des hydrates de carbone, c'est-à-dire selon que ces aliments sont introduits à l'état de fécule, de glycogène, de sucre de canne, de glucose, etc. ; état dont il est nécessaire de tenir compte dans les calculs. Un tel état d'hydratation inégal ne modifie d'ailleurs que dans une faible proportion la chaleur de combustion d'un poids donné du carbone contenu dans les hydrates. Mais il influe d'une façon considérable sur la chaleur de combustion d'un poids donné des matières alimentaires. La chaleur de combustion de ces dernières et leur valeur alibile, dans le cas des hydrates de carbone, pas plus que dans le cas des albuminoïdes, ne saurait donc être évaluée rigoureusement d'après la seule connaissance de leur poids.

On remarquera que la chaleur de combustion du carbone contenu dans les hydrates précédents surpasse d'un cinquième environ la chaleur de combustion du carbone élémentaire, constitutif de cet ordre de composés; excès d'autant plus important à signaler que l'on n'en tenait pas compte dans les anciens calculs relatifs à la chaleur animale. J'ai déjà insisté plus d'une fois sur cet excédent thermique, qui répond à une réserve d'énergie remarquable, car elle est l'origine de la chaleur dégagée dans la plupart des fermentations.

Venons aux *corps gras* proprement dits. Leurs chaleurs de combustion sont comprises, d'après les déterminations connues,

CO^2 étant gazeux : entre 12 200 calories et 12 500 calories environ, pour chaque gramme de carbone contenu dans le principe hydrocarboné :

CO^2 étant dissous. . 12 667 à 12 967 calories.

Le chiffre le plus élevé répond à la composition moyenne des graisses naturelles.

Ce chiffre d'ailleurs répond, pour 1 gramme du corps gras lui-même, à

CO^2 gaz . . . . 9 500 calories environ ;
CO^2 dissous . . . 9 855 calories.

Mais l'évaluation rapportée à 1 gramme de carbone nous paraît préférable.

En tout cas, ce sont là nécessairement les plus fortes chaleurs de combustion, pour 1 gramme de carbone contenu dans les principes fondamentaux des animaux ou des aliments; attendu que les corps gras ne renfermant que peu d'oxygène déjà combiné et dès lors susceptible de faire disparaître, en tout ou partie, l'influence calorifique de l'hydrogène. La valeur calorimétrique des corps gras, sous un poids donné, est donc maxima ; mais, par contre, ce sont les principes dont la combustion totale absorbe la dose la plus forte d'oxygène.

Ainsi les trois nombres moyens suivants :

12 500 calories, pour les corps gras ;

10 870 calories, pour les albuminoïdes ;

9 470 calories, pour les hydrates de carbone ;

représentent le pouvoir calorifique respectif des poids de ces divers principes contenant 1 gramme, c'est-à-dire une même proportion de carbone ; en supposant les matières sèches et l'acide carbonique gazeux.

Si ce dernier était dissous, tous ces nombres devraient être accrus de 467 calories.

Si l'on préférait rapporter le pouvoir calorifique à 1 gramme des principes eux-mêmes, il faudrait les amener à un état tel qu'ils fussent privés de l'eau qu'ils perdent vers 120°. D'après ce mode de calcul, on aurait à peu près :

9 500 calories en moyenne, pour les corps gras,

5 700 calories, pour les albuminoïdes,

4 200 calories, pour les hydrates de carbone (fécule et congénères) ; CO^2 étant dégagé dans tous les cas sous forme gazeuse.

Mais parmi les nombres ainsi calculés, dans l'hypothèse d'une combustion totale et de l'acide carbonique gazeux, ceux qui concernent les albuminoïdes sont en réalité trop forts d'un sixième, dès que l'on envisage ces corps comme producteurs de chaleur animale, à cause de la formation de l'urée ; tandis que les quantités de chaleur calculées pour les hydrates de carbone et les corps gras s'appliquent intégralement à la génération physiologique de cette chaleur.

Ajoutons enfin que ces données sont vérifiables pour un organisme en pleine activité, qui consomme ses aliments, qui les brûle complètement (l'urée exceptée), et qui se retrouve chaque jour, ou bien après une série d'un petit nombre de jours, dans un état identique à celui qu'il présentait à l'origine.

L'influence des excréments proprement dits ne les modifie que faiblement, parce que les excréments ne constituent chez l'homme qu'une fraction assez faible du poids total des aliments.

Mais il en serait autrement pour un organisme malade ou amoindri, et qui ne brûlerait pas complètement les matières alimentaires introduites du dehors.

Les troubles qui résultent de ces dernières circonstances peuvent être d'ailleurs, soit généraux, soit locaux : ils sont généraux pour les organismes qui n'ont plus, faute d'un exercice musculaire et d'une activité respiratoire suffisants, la propriété de brûler suffisamment les corps gras. Ceux-ci se déposent alors de tous côtés, sous forme adipeuse, et encombrent l'organisation, les tissus musculaires en particulier. Les aliments gras, qui possèdent à poids égal la puissance calorifique la plus considérable, sont aussi ceux qui cessent les premiers de fournir leur énergie à une organisation affaiblie.

Un déficit thermique très marqué se produit pareillement, lorsque l'organisme élimine des hydrates de carbone, c'est-à-dire lorsqu'il ne développe plus à un degré suffisant les agents capables de détruire à la fois les hydrates introduits par l'alimentation, ainsi que ceux que l'organisme fabrique lui-même, dans le tissu hépatique. De là une diminution dans la production de la chaleur animale; diminution qui paraît liée, plus spécialement que la précédente, avec l'état pathologique d'un système d'organes particuliers.

Ces observations s'appliquent, pour une part au moins, à la combustion incomplète des principes azotés, lorsqu'ils sont introduits en trop grande abondance, par une alimentation excessive, au sein d'un organisme affaibli, ou qui n'est pas soumis à l'exercice d'une grande activité fonctionnelle, et spécialement musculaire. De tels aliments ne sont plus alors brûlés complètement dans l'ensemble de l'économie.

En outre, l'insuffisance fonctionnelle des organes qui procèdent à l'élaboration finale des principes azotés, celle des reins en particulier, concourt à en permettre l'élimination en nature. Celle-ci a lieu sous forme d'albumine non modifiée, ou de peptones imparfaitement digérées, dans les cas les plus graves. D'une façon plus générale, elle se manifeste sous la forme de produits incomplètement brûlés, tels que l'acide urique et congénères ; produits dont le séjour et la diffusion dans l'organisme développent de graves perturbations, des altérations locales, des engorgements, des formations de dépôts, concrétions et précipités divers, etc.

Remarquons que toutes ces perturbations coïncident avec une diminution dans la puissance génératrice de chaleur de l'organisme, qui devient par là même de plus en plus sensible aux influences extérieures de refroidissement et autres. Il y a plus : par le seul fait que la machine animale développe une dose de chaleur insuffisante, elle est de moins en moins apte à fonctionner et à brûler entièrement ses aliments : en vertu de ces enchaînements vicieux, si fréquents dans la mécanique ordinaire, aussi bien que dans la mécanique des êtres vivants.

Les données nouvelles exposées dans le présent ouvrage, relativement à la chaleur animale, comportent une infinité d'autres applications ; mais il suffira des indications précédentes pour donner une première idée du rôle véritable des divers groupes de principes alimentaires, spécialement envisagés au point de vue de leurs chaleurs de combustion et de formation, d'une part, et, d'autre part, des énergies physiologiques dont les principes alimentaires sont l'origine.

TABLE DES MATIÈRES

Saint-Amand (Cher). — Imp. DESTENAY, Bussière frères

Traité de Physiologie

PAR

J.-P. MORAT
PROFESSEUR A L'UNIVERSITÉ DE LYON

et **Maurice DOYON**
PROFESSEUR AGRÉGÉ A LA FACULTÉ DE MÉDECINE DE LYON

Ce Traité de Physiologie formera cinq volumes dont voici le détail :

I. — **Fonctions élémentaires.** — Prolégomènes. — Nutrition en général. — Physiologie des tissus en particulier (moins le système nerveux).

II. — **Fonctions d'innervation et du milieu intérieur.** — Système nerveux. — Sang; lymphe; liquides interstitiels.

III. — **Fonctions de nutrition.** — Circulation; calorification.

IV. — **Fonctions de nutrition** (*suite*). — Digestion; respiration; excrétion.

V. — **Fonctions de relation** (Sens; langage; expression; locomotion) **et fonctions de reproduction.** (A l'exception du développement embryologique.)

Ces volumes ne seront pas publiés dans l'ordre ci-dessus, mais le seront dans celui de leur achèvement. Nous publions aujourd'hui sous le titre : « **Circulation; Calorification** » le tome qui portera, dans la tomaison définitive, le n° III. Le tome « **Digestion; Absorption; Respiration; Excrétion** » (suite des fonctions de nutrition), qui correspondra au tome IV, est dès à présent sous presse.

Toutes les mesures sont prises pour que l'ensemble de la publication soit terminé dans le courant de l'année 1900. Chaque volume sera, pendant tout le cours de la publication, vendu séparément à des prix qui varieront selon l'étendue de chacun.

Toutefois, les éditeurs acceptent, dès à présent, **au prix à forfait de cinquante francs**, des souscriptions à l'ouvrage **complet**.

VIENT DE PARAITRE

FONCTIONS DE NUTRITION

CIRCULATION	CALORIFICAT
Par **M. DOYON**	Par **J.-P. MORAT**

1 vol. grand in-8° avec 173 fig. noires et en couleurs.

... En résumé, à en juger par le spécimen que nous avons sous MM. Morat et Doyon sont en train de doter nos bibliothèques d'un ouv cieux et très bien fait en ce sens qu'ils savent le rendre complet sans démesurément. Leur *Traité de physiologie* conviendra au débutant, à avancé et à toutes les personnes qui ont besoin de prendre une idée gé de remonter à l'origine des faits qui ont permis de la dogmatiser.

Dr Arloing (*Lyon médical*, 18 septembr

Traité de Chirurgie

PUBLIÉ SOUS LA DIRECTION DE MM.

Simon DUPLAY
Professeur à la Faculté de médecine
Chirurgien de l'Hôtel-Dieu
Membre de l'Académie de médecine

Paul RECLUS
Professeur agrégé à la Faculté de médecine
Chirurgien des hôpitaux
Membre de l'Académie de médecine

PAR MM.

BERGER, BROCA, DELBET, DELENS, DEMOULIN, J.-L. FAURE, FORGUE
GÉRARD MARCHANT, HARTMANN, HEYDENREICH, JALAGUIER, KIRMISSON
LAGRANGE, LEJARS, MICHAUX, NÉLATON, PEYROT
PONCET, QUÉNU, RICARD, RIEFFEL, SEGOND, TUFFIER, WALTHER

DEUXIÈME ÉDITION ENTIÈREMENT REFONDUE

8 vol. gr. in-8 avec nombreuses figures dans le texte. En souscription. . . **150** *fr.*

TOME I. — 1 *vol. grand in-8° avec* 218 *figures* . . . . . . **18** *fr.*

RECLUS. — Inflammations, traumatismes, maladies virulentes.
BROCA. — Peau et tissu cellulaire sous-cutané.
QUENU. — Des tumeurs.
LEJARS. — Lymphatiques, muscles, synoviales tendineuses et bourses séreuses.

TOME II. — 1 *vol. grand in-8° avec* 361 *figures* . . . . . **18** *fr.*

LEJARS. — Nerfs.
MICHAUX. — Artères.
QUÉNU. — Maladies des veines.
RICARD et DEMOULIN. — Lésions traumatiques des os.
PONCET. — Affections non traumatiques des os.

TOME III. — 1 *vol. grand in-8° avec* 285 *figures* . . . . . **18** *fr.*

NÉLATON. — Traumatismes, entorses, luxations, plaies articulaires.
QUÉNU. — Arthropathies, arthrites sèches, corps étrangers articulaires.
LAGRANGE. — Arthrites infectieuses et inflammatoires.
GERARD MARCHANT. — Crâne.
KIRMISSON. — Rachis.
S. DUPLAY. — Oreilles et annexes.

TOME IV. — 1 *vol. grand in-8° avec* 354 *figures* . . . . . **18** *fr.*

DELENS. — L'œil et ses annexes.
GERARD MARCHANT. — Nez, fosses nasales, pharynx nasal et sinus.
HEYDENREICH. — Mâchoires.

TOME V. — 1 *vol. grand in-8° avec* 187 *figures* . . . . **20** *fr.*

BROCA. — Face et cou. Lèvres, cavité buccale, gencives, palais, langue, larynx, corps thyroïde.
HARTMANN. — Plancher buccal, glandes salivaires, œsophage et pharynx.
WALTHER. — Maladies du cou.
PEYROT. — Poitrine.
PIERRE DELBET. — Mamelle.

TOME VI. — 1 *vol. grand in-8° avec* 218 *figures* . . . . . **20** *fr.*

MICHAUX. — Parois de l'abdomen.
BERGER. — Hernies.
JALAGUIER. — Contusions et plaies de l'abdomen, lésions traumatiques et corps étrangers de l'estomac et de l'intestin. Occlusion intestinale, péritonites, appendicite.
HARTMANN. — Estomac.
FAURE et RIEFFEL. — Rectum et anus.
HARTMANN et GOSSET. — Anus contre nature. Fistules stercorales.
QUENU. — Mésentère. Rate. Pancréas.
SEGOND. — Foie.

TOME VII. — 1 *fort vol. avec figures dans le texte* (Sous presse).

WALTHER. — Bassin.
TUFFIER. — Rein. Vessie. Uretères. Capsules surrénales.
FORGUE. — Urètre et prostate.
RECLUS. — Organes génitaux de l'homme.

TOME VIII. — 1 *fort vol. avec figures dans le texte* (Sous presse).

MICHAUX. — Vulve et vagin.
P. DELBET. — Maladies de l'utérus.
SEGOND. — Annexes de l'utérus, ovaires, trompes, ligaments larges, péritoine pelvien.
KIRMISSON. — Maladies des membres

Traité d'Anatomie Humaine

PUBLIÉ SOUS LA DIRECTION DE

P. POIRIER
Professeur agrégé
à la Faculté de Médecine de Paris
Chirurgien des Hôpitaux.

A. CHARPY
Professeur d'anatomie
à la Faculté de Médecine
de Toulouse.

PAR MM.

A. CHARPY
Professeur d'anatomie
à la Faculté de Toulouse.

A. NICOLAS
Professeur d'anatomie
à la Faculté de Nancy.

A. PRENANT
Professeur d'histologie
à la Faculté de Nancy.

P. POIRIER
Professeur agrégé
à la Faculté de médecine
de Paris
Chirurgien des hôpitaux.

P. JACQUES
Professeur agrégé
à la Faculté de Nancy
Chef des travaux
anatomiques.

RIEFFEL
Chef des travaux anatomiques à la Faculté
de Médecine de Paris
Chirurgien des hôpitaux.

M. Poirier s'est associé, pour la direction de cette importante publication, son ami et collaborateur M. le professeur A. CHARPY. *En réunissant leurs efforts, les deux directeurs pourront hâter l'achèvement de l'ouvrage et le mener à bonne fin dans le courant de l'année 1899.*

ÉTAT DE LA PUBLICATION AU 1er JANVIER 1899

TOME PREMIER

Embryologie; Ostéologie; Arthrologie. *Deuxième édition.* Un volume grand in-8° avec 807 figures en noir et en couleurs . . . . . 20 fr.

TOME DEUXIÈME

1er Fascicule : **Myologie.** Un volume grand in-8° avec 312 figures. 12 fr.

2e Fascicule : **Angéiologie** (*Cœur et Artères*). Un volume grand in-8° avec 145 figures en noir et en couleurs . . . . 8 fr.

3e Fascicule : **Angéiologie** (*Capillaires, Veines*). Un volume grand in-8° avec 75 figures en noir et en couleurs . . . . 6 fr.

TOME TROISIÈME

1er Fascicule : **Système nerveux** (*Méninges, Moelle, Encéphale*). 1 vol. grand in-8° avec 201 figures en noir et en couleurs . . 10 fr.

2e Fascicule : **Système nerveux** (*Encéphale*). Un vol. grand-in-8° avec 206 figures en noir et en couleurs. . . . . 12 fr.

TOME QUATRIÈME

1er Fascicule : **Tube digestif.** Un volume grand in-8°, avec 158 figures en noir et en couleurs . . . . 12 fr.

2e Fascicule : **Appareil respiratoire** ; *Larynx, trachée, poumons, plèvres, thyroïde, thymus.* Un volume grand in-8°, avec 121 figures en noir et en couleurs. . . . . 6 fr.

IL RESTE A PUBLIER :

Un fascicule du tome II (Lymphatiques);
Un fascicule du tome III (Nerfs périphériques. Organes des sens);
Un fascicule du tome IV (Organes génito-urinaires).

Bibliothèque
d'Hygiène thérapeutique

DIRIGÉE PAR

Le Professeur PROUST

Membre de l'Académie de médecine, Médecin de l'Hôtel-Dieu, Inspecteur général des Services sanitaires.

Chaque ouvrage forme un volume in-16, cartonné toile, tranches rouges et est vendu séparément : 4 fr.

Chacun des volumes de cette collection n'est consacré qu'à une seule maladie ou à un seul groupe de maladies. Grâce à leur format, ils sont d'un maniement commode. D'un autre côté, en accordant un volume spécial à chacun des grands sujets d'hygiène thérapeutique, il a été facile de donner à leur développement toute l'étendue nécessaire.

L'hygiène thérapeutique s'appuie directement sur la pathogénie ; elle doit en être la conclusion logique et naturelle. La genèse des maladies sera donc étudiée tout d'abord. On se préoccupera moins d'être absolument complet que d'être clair. On ne cherchera pas à tracer un historique savant, à faire preuve de brillante érudition, à encombrer le texte de citations bibliographiques. On s'efforcera de n'exposer que les données importantes de pathogénie et d'hygiène thérapeutique et à les mettre en lumière.

VOLUMES PARUS

L'Hygiène du Goutteux, par le professeur PROUST et A. MATHIEU, médecin de l'hôpital Andral.

L'Hygiène de l'Obèse, par le professeur PROUST et A. MATHIEU, médecin de l'hôpital Andral.

L'Hygiène des Asthmatiques, par E. BRISSAUD, professeur agrégé, médecin de l'hôpital Saint-Antoine.

L'Hygiène du Syphilitique, par H. BOURGES, préparateur au laboratoire d'hygiène de la Faculté de médecine.

Hygiène et thérapeutique thermales, par G. DELFAU, ancien interne des hôpitaux de Paris.

Les Cures thermales, par G. DELFAU, ancien interne des Hôpitaux de Paris.

L'Hygiène du Neurasthénique, par le professeur PROUST et G. BALLET, professeur agrégé, médecin des hôpitaux de Paris.

L'Hygiène des Albuminuriques, par le Dr SPRINGER, ancien interne des hôpitaux de Paris, chef de laboratoire de la Faculté de médecine à la Clinique médicale de l'hôpital de la Charité.

L'Hygiène du Tuberculeux, par le Dr CHUQUET, ancien interne des hôpitaux de Paris, avec une introduction du Dr DAREMBERG, membre correspondant de l'Académie de médecine.

Hygiène et thérapeutique des maladies de la Bouche, par le Dr CRUET, dentiste des hôpitaux de Paris, avec une préface de M. le professeur LANNELONGUE, membre de l'Institut.

Hygiène et thérapeutique des maladies du Cœur, par le Dr VAQUEZ, médecin des hôpitaux de Paris.

Hygiène du Diabétique, par A. PROUST et A. MATHIEU.

VOLUMES EN PRÉPARATION

L'Hygiène des Dyspeptiques, par le Dr LINOSSIER.

Hygiène thérapeutique des maladies de la peau, par le Dr THIBIERGE.

DIEULAFOY (G.), professeur de clinique médicale à la Faculté de médecine de Paris, médecin de l'Hôtel-Dieu, membre de l'Académie de médecine.

Clinique médicale de l'Hôtel-Dieu (1896-1897). 1 vol. grand in-8°, avec figures dans le texte et 1 planche hors texte . . . . 10 fr.

Clinique médicale de l'Hôtel-Dieu (1897-1898). 1 vol. grand in-8°, avec figures dans le texte. . . . . . 10 fr.

PONCET (A.), professeur de clinique chirurgicale à la Faculté de médecine de Lyon, chirurgien en chef de l'Hôtel-Dieu, et **L. BERARD**, chef de clinique à la Faculté de médecine de Lyon, ancien interne des hôpitaux.

Traité clinique de l'actinomycose humaine, des pseudo-actinomycoses et de la botryomycose. 1 vol. in-8°, avec 45 figures dans le texte et 4 planches hors texte en couleurs. . . . . 12 fr.

CHARRIN (A.), professeur remplaçant au Collège de France, directeur du laboratoire de médecine expérimentale (Hautes-Études), ancien vice-président de la Société de Biologie, médecin des hôpitaux.

Les défenses naturelles de l'organisme ; *leçons professées au Collège de France.* 1 vol. in-8°. . . . . 6 fr.

PANAS (Ph.), professeur de clinique ophtalmologique à la Faculté de médecine de Paris, chirurgien de l'Hôtel-Dieu, membre de l'Académie de médecine.

Leçons de clinique ophtalmologique professées à l'Hôtel-Dieu, recueillies et publiées par le Dr A. CASTAN, de Béziers. 1 vol. in-8° avec figures dans le texte . . . . . . 5 fr.

FLOQUET (Dr Ch.), licencié en droit, médecin en chef du Palais de Justice et du Tribunal de Commerce de Paris.

Code pratique des honoraires médicaux, ouvrage indispensable aux Médecins, Sages-Femmes, Chirurgiens, Dentistes, Pharmaciens, Étudiants, avec une préface de M. BROUARDEL, doyen de la Faculté de médecine de Paris. 2 vol. petit in-8° . . . . 10 fr.

REGNARD (Dr Paul), membre de l'Académie de médecine, directeur-adjoint du Laboratoire de physiologie à la Sorbonne.

La Cure d'Altitude ; deuxième édition, avec 29 planches hors texte et 110 figures dans le texte. 1 vol. grand in-8°, relié toile . . . . 15 fr.

Les maladies microbiennes des Animaux, par Ed. **NOCARD**, professeur à l'École d'Alfort, membre de l'Académie de médecine, et **E. LECLAINCHE**, professeur à l'École vétérinaire de Toulouse. *Deuxième édition, entièrement refondue.* 1 fort volume grand in-8° . . . . **16** fr.

Traité des maladies chirurgicales d'origine congénitale, par le Dr **E. KIRMISSON**, professeur agrégé à la Faculté de médecine, chirurgien de l'Hôpital Trousseau, membre de la Société de Chirurgie. 1 volume grand in-8° avec 311 figures dans le texte et 2 planches en couleurs. . . . . **15** fr.

Recherches anatomiques et cliniques sur le glaucome et les néoplasmes intra-oculaires, par Ph. **PANAS**, professeur de clinique ophtalmologique à la Faculté de médecine, chirurgien de l'Hôtel-Dieu, membre de l'Académie de médecine, et le Dr **ROCHON-DUVIGNEAUD**, ancien chef de clinique de la Faculté. 1 volume in-8° avec 41 figures dans le texte . . . . **7** fr.

Traité d'Ophtalmoscopie, par Étienne **ROLLET**, professeur agrégé à la Faculté de médecine, chirurgien des hôpitaux de Lyon. 1 volume in-8° avec 50 photographies en couleurs et 75 figures dans le texte, cartonné toile, tranches rouges. . . . . **9** fr.

Cliniques chirurgicales de l'Hôtel-Dieu, par Simon **DUPLAY**, professeur de clinique chirurgicale à la Faculté de médecine de Paris, membre de l'Académie de médecine, chirurgien de l'Hôtel-Dieu, recueillies et publiées par les Drs Maurice **CAZIN**, chef de clinique chirurgicale à l'Hôtel-Dieu, et **S. CLADO**, chef des travaux gynécologiques. *Deuxième série.* 1 volume grand in-8° avec figures . . . . **8** fr.

Consultations médicales sur quelques maladies fréquentes. *Quatrième édition, revue et considérablement augmentée,* suivie de **quelques principes de Déontologie médicale et précédée de quelques règles pour l'examen des malades,** par le Dr **J. GRASSET**, professeur de clinique médicale à l'Université de Montpellier, correspondant de l'Académie de médecine. 1 volume in-16, reliure souple, peau pleine. . . . . . . **4** fr. **50**

Le Bandage herniaire : Autrefois-Aujourd'hui, par Léon et Jules **RAINAL**. 1 fort volume très grand in-8°, avec 324 gravures intercalées dans le texte. . . . . **10** fr.

EXPÉDITIONS SCIENTIFIQUES

DU

"TRAVAILLEUR" et du "TALISMAN"

Pendant les années 1880, 1881, 1882 et 1883

Ouvrage publié sous les auspices du Ministère de l'Instruction publique

SOUS LA DIRECTION DE

M. A. MILNE-EDWARDS

MEMBRE DE L'INSTITUT, PRÉSIDENT DE LA COMMISSION DES DRAGAGES SOUS-MARINS
DIRECTEUR DU MUSÉUM D'HISTOIRE NATURELLE DE PARIS

VIENT DE PARAITRE

MOLLUSQUES TESTACÉS

PAR

ARNOULD LOCARD

TOME I. — 1 fort vol. gr. in-4° avec 24 planches hors texte. **50** fr.
TOME II. — 1 fort vol. gr. in-4° avec 18 planches hors texte. **50** fr.

VOLUMES PRÉCÉDEMMENT PARUS :

Poissons, par L. VAILLANT, professeur-administrateur au Muséum d'Histoire Naturelle, membre de la commission des dragages sous-marins. 1 fort volume in-4° avec 28 planches hors texte . . **50** fr.

Brachiopodes, par P. FISCHER, membre de la commission des dragages sous-marins, et D.-P. ŒHLERT, membre de la Société géologique de France. 1 vol. in-4° avec 8 planches hors texte. . . **20** fr.

Échinodermes, par Edmond PERRIER, professeur-administrateur au Muséum d'Histoire Naturelle, membre de l'Institut. 1 fort vol. in-4°, avec 25 planches hors texte. . . . . **50** fr.

Traité des Matières colorantes

ORGANIQUES ET ARTIFICIELLES

de leur préparation industrielle et de leurs applications

Par **Léon LEFÈVRE**

Ingénieur (E. I. R.), Préparateur de chimie à l'École Polytechnique.

Préface de **E. GRIMAUX**, *membre de l'Institut.*

2 volumes grand in-8° comprenant ensemble 1650 pages, reliés toile anglaise, avec 31 gravures dans le texte et 261 échantillons.

Prix des deux volumes : 90 francs.

Le *Traité des matières colorantes* s'adresse à la fois au monde scientifique par l'étude des travaux réalisés dans cette branche si compliquée de la chimie, et au public industriel par l'exposé des méthodes rationnelles d'emploi des colorants nouveaux. L'auteur a réuni dans des tableaux qui permettent de trouver facilement une couleur quelconque, toutes les couleurs indiquées dans les mémoires et dans les brevets. La partie technique contient, avec l'indication des brevets, les procédés employés pour la fabrication des couleurs, la description et la figure des appareils, ainsi que la description des procédés rationnels d'application des couleurs les plus récentes. Cette partie importante de l'ouvrage est illustrée par un grand nombre d'échantillons teints ou imprimés, *fabriqués spécialement pour l'ouvrage.*

Chimie des Matières colorantes

PAR

A. SEYEWETZ
Chef des travaux
à l'École de chimie industrielle de Lyon

P. SISLEY
Chimiste-Coloriste

1 *volume grand in-8° de* 822 *pages*. . . . . **30** *fr.*

Les auteurs, dans cette importante publication, se sont proposé de réunir sous la forme la plus rationnelle et la plus condensée tous les éléments pouvant contribuer à l'*enseignement de la chimie des matières colorantes*, qui a pris aujourd'hui une extension si considérable. Cet ouvrage est, par le plan sur lequel il est conçu, d'une utilité incontestable non seulement aux chimistes se destinant soit à la fabrication des matières colorantes, soit à la teinture, mais à tous ceux qui sont désireux de se tenir au courant de ces remarquables industries.

BIBLIOTHÈQUE

DE LA

Revue générale des Matières colorantes

ET DES INDUSTRIES QUI S'Y RATTACHENT

VOLUMES PARUS

Des mordants en teinture et en impression, par Ch. Gros-Renaud. 1 vol. in-16, avec 60 échantillons teints ou imprimés sur toile et coton, relié toile . . . . **10** fr.

Rongeage du rouge turc par la méthode alcaline, par Wlad. Triapkine. 1 vol. in-16, avec 24 grands échantillons imprimés sur tissus de coton et de fabrication russe, de 5 figures et de 1 planche hors texte, relié toile. . . . . **5** fr.

Matières colorantes et microbes, par le Dr M. Nicolle, directeur de l'Institut impérial de bactériologie de Constantinople. 1 vol. in-16, avec 10 figures et 1 planche en couleurs. . **2** fr.

VIENT DE PARAITRE

LE

GAZ RICHÉ

Ses Applications Industrielles

PAR

Ch. VIGREUX
Ingénieur des Arts et Manufactures
Répétiteur à l'Ecole Centrale

Eug. BARDOLLE
Ancien élève de l'École Polytechnique
Ingénieur civil

1 volume in-16 avec figures dans le texte. . . . **2** fr.

Obtenir en tout lieu et en très peu de temps, avec commodité et au moyen d'appareils très simples, fonctionnant bien et sans arrêt possible, pour un prix variable de un à trois centimes le mètre cube, un gaz ayant un pouvoir calorifique élevé et se prêtant dans de bonnes conditions à toutes les applications du gaz de ville, était un problème du plus grand intérêt. Cette étude de l'invention de M. Riché fera comprendre dans quelle large mesure il a résolu cette importante question.

Paris. — L. Maretheux, imprimeur, 1, rue Cassette. — 11632.

COURS DE PHYSIQUE

DE L'ÉCOLE POLYTECHNIQUE,

Par M. J. JAMIN.

QUATRIÈME ÉDITION, AUGMENTÉE ET ENTIÈREMENT REFONDUE

Par M. E. BOUTY,

Professeur à la Faculté des Sciences de Paris.

Quatre tomes in-8, de plus de 4000 pages, avec 1587 figures et 14 planches sur acier, dont 2 en couleur; 1885-1891. (OUVRAGE COMPLET) ... **72** fr.

On vend séparément :

TOME I. — **9** fr.

(*) 1er fascicule. — *Instruments de mesure. Hydrostatique;* avec 150 figures et 1 planche ... 5 fr.

2e fascicule. — *Physique moléculaire;* avec 93 figures ... 4 fr.

TOME II. — CHALEUR. — **15** fr.

(*) 1er fascicule. — *Thermométrie, Dilatations;* avec 98 fig. 5 fr.

(*) 2e fascicule. — *Calorimétrie;* avec 48 fig. et 2 planches... 5 fr.

3e fascicule. — *Thermodynamique. Propagation de la chaleur;* avec 47 figures ... 5 fr.

TOME III. — ACOUSTIQUE; OPTIQUE. — **22** fr.

1er fascicule. — *Acoustique;* avec 123 figures ... 4 fr.

(*) 2e fascicule. — *Optique géométrique;* avec 139 figures et 3 planches ... 4 fr.

3e fascicule. — *Étude des radiations lumineuses, chimiques et calorifiques; Optique physique;* avec 249 fig. et 5 planches, dont 2 planches de spectres en couleur ... 14 fr.

TOME IV (1re Partie). — ÉLECTRICITÉ STATIQUE ET DYNAMIQUE. — **13** fr.

1er fascicule. — *Gravitation universelle. Électricité statique;* avec 155 figures et 1 planche ... 7 fr.

2e fascicule. — *La pile. Phénomenes électrothermiques et électrochimiques;* avec 161 figures et 1 planche ... 6 fr.

(*) Les matières du programme d'admission à l'École Polytechnique sont comprises dans les parties suivantes de l'Ouvrage : Tome I, 1er fascicule; Tome II, 1er et 2e fascicules; Tome III, 2e fascicule.

COURS DE CHEMINS DE FER

PROFESSÉ A L'ÉCOLE NATIONALE DES PONTS ET CHAUSSÉES,

Par M. C. BRICKA,

Ingénieur en chef de la voie et des bâtiments aux Chemins de fer de l'État.

DEUX VOLUMES GRAND IN-8; 1894 (E. T. P.)

TOME I : Études. — Construction. — Voie et appareils de voie. — Volume de VIII-634 pages avec 326 figures; 1894 . . . . 20 fr.

TOME II : Matériel roulant et Traction. — Exploitation technique. — Tarifs. — Dépenses de construction et d'exploitation. — Régime des concessions. — Chemins de fer de systèmes divers. — Volume de 709 pages, avec 177 figures; 1894. . . . . 20 fr.

COUVERTURE DES ÉDIFICES

ARDOISES, TUILES, MÉTAUX, MATIÈRES DIVERSES,

Par M. J. DENFER,

Architecte, Professeur à l'École Centrale.

UN VOLUME GRAND IN-8, AVEC 429 FIG.; 1893 (E. T. P.). . 20 FR.

CHARPENTERIE MÉTALLIQUE

MENUISERIE EN FER ET SERRURERIE,

Par M. J. DENFER,

Architecte, Professeur à l'École Centrale.

DEUX VOLUMES GRAND IN-8; 1894 (E. T. P.).

TOME I : Généralités sur la fonte, le fer et l'acier. — Résistance de ces matériaux. — Assemblages des éléments métalliques. — Chaînages, linteaux et poitrails. — Planchers en fer. — Supports verticaux. Colonnes en fonte. Poteaux et piliers en fer. — Grand in-8 de 584 pages avec 479 figures; 1894. . . . . 20 fr.

TOME II : Pans métalliques. — Combles. — Passerelles et petits ponts. — Escaliers en fer. — Serrurerie. (Ferrements des charpentes et menuiseries. Paratonnerres. Clôtures métalliques. Menuiserie en fer. Serres et vérandas). — Grand in-8 de 626 pages avec 571 figures; 1894. . . . . 20 fr.

ÉLÉMENTS ET ORGANES DES MACHINES

Par M. Al. GOUILLY,

Ingénieur des Arts et Manufactures.

GRAND IN-8 DE 406 PAGES, AVEC 710 FIG.; 1894 (E. I.). . . . 12 FR.

RÉSUMÉ DU COURS DE MACHINES A VAPEUR ET LOCOMOTIVES

PROFESSÉ A L'ÉCOLE NATIONALE DES PONTS ET CHAUSSÉES.

Par M. HIRSCH,

Inspecteur général honoraire des Ponts et Chaussées,
Professeur au Conservatoire des Arts et Métiers.

DEUXIÈME ÉDITION.

Un volume grand in-8 de 510 pages avec 314 fig. (E. T. P.)... **20 fr.**

LE VIN ET L'EAU-DE-VIE DE VIN

Par Henri DE LAPPARENT,

Inspecteur général de l'Agriculture.

INFLUENCE DES CÉPAGES, DES CLIMATS, DES SOLS, ETC., SUR LA QUALITÉ DU VIN, VINIFICATION, CUVERIE ET CHAIS, LE VIN APRÈS LE DÉCUVAGE, ÉCONOMIE, LÉGISLATION.

GRAND IN-8 DE XII-533 PAGES, AVEC 111 FIGURES ET 28 CARTES DANS LE TEXTE; 1895 (E. I.)............................ **12 FR.**

TRAITÉ DE CHIMIE ORGANIQUE APPLIQUÉE

Par M. A. JOANNIS,

Professeur à la Faculté des Sciences de Bordeaux,
Chargé de cours à la Faculté des Sciences de Paris.

DEUX VOLUMES GRAND IN-8 (E. I.).

TOME I : Généralités. Carbures. Alcools. Phénols, Éthers. Aldéhydes. Cétones. Quinones. Sucres. — Volume de 688 pages, avec figures; 1896............ **20 fr.**

TOME II : Hydrates de carbone. Acides monobasiques à fonction simple. Acides polybasiques à fonction simple. Acides à fonctions mixtes. Alcalis organiques. Amides. Nitriles. Carbylamines. Composés azoïques et diazoïques. Composés organo-métalliques. Matières albuminoïdes. Fermentations. Conservation des matières alimentaires. Volume de 718 pages, avec figures; 1896............................ **15 fr**

MACHINES FRIGORIFIQUES

PRODUCTION ET APPLICATIONS DU FROID ARTIFICIEL,

Par H. LORENZ,

Ingénieur, Professeur à l'Université de Halle.

TRADUIT DE L'ALLEMAND AVEC L'AUTORISATION DE L'AUTEUR.

PAR

P. PETIT,
Professeur à la Faculté des Sciences de Nancy,
Directeur de l'Ecole de Brasserie.

J. JAQUET,
Ingénieur civil,

Un volume de IX-186 pages, avec 131 figures; 1898.......... **7 fr**

TRAITÉ DE PHOTOGRAPHIE INDUSTRIELLE,

THÉORIE ET PRATIQUE,

Par Ch. FÉRY et A. BURAIS.

In-18 jésus, avec 94 figures et 9 planches; 1896........................ 5 f

LE FORMULAIRE CLASSEUR DU PHOTO-CLUB DE PARIS.

Collection de formules sur fiches renfermées dans un élégant cartonnage et classées en trois Parties : *Phototypes, Photocopies et Photocalques, Notes et renseignements divers*, divisées chacune en plusieurs Sections :

Par H. FOURTIER, P. BOURGEOIS et M. BUCQUET.

Première Série ; 1892........................ .... 4 fr

Deuxième Série ; 1894.......... .... 3 fr. 50 c

CHIMIE PHOTOGRAPHIQUE A L'USAGE DES DÉBUTANTS.

Par R.-Ed. LIESEGANG.

Traduit de l'allemand et annoté par le Professeur J. MAUPEIRAL.

In-18 jésus, avec figures; 1898.............................. 3 fr. 50 c

LE DÉVELOPPEMENT DES PAPIERS PHOTOGRAPHIQUES A NOIRCISSEMENT DIRECT.

Par R.-Ed. LIESEGANG. — Traduit de l'allemand par V. HASSREIDTER.

In-18 jésus ; 1898.. 1 fr 75 c

TRAITÉ PRATIQUE DE RADIOGRAPHIE ET DE RADIOSCOPIE.

TECHNIQUE ET APPLICATIONS MÉDICALES.

Par Albert LONDE,

Directeur du Service photographique et radiographique à la Salpêtrière, Lauréat de l'Académie de Médecine, de la Faculté de Médecine de Paris, Officier de l'Instruction publique.

Un beau volume grand in-8, avec 113 figures; 1899.................. 7 fr

LA PHOTOGRAPHIE INSTANTANÉE,

THÉORIE ET PRATIQUE,

Par Albert LONDE.

3e édition, entièrement refondue. In-18 jésus, avec figures; 1897. 2 fr. 75 c

TRAITÉ PRATIQUE DU DÉVELOPPEMENT.

ÉTUDE RAISONNÉE DES DIVERS RÉVÉLATEURS ET DE LEUR MODE D'EMPLOI.

Par Albert LONDE.

3e édition. In-18 jésus, avec figures ; 1898......... 2 fr. 75

L'OPTIQUE PHOTOGRAPHIQUE.

ENSEIGNEMENT SUPÉRIEUR DE LA PHOTOGRAPHIE.
(COURS PROFESSÉ A LA SOCIÉTÉ FRANÇAISE DE PHOTOGRAPHIE).
Par P. MOESSARD.

Grand in-8, avec nombreuses figures; 1898.................... 4 fr

LES ÉLÉMENTS D'UNE PHOTOGRAPHIE ARTISTIQUE,

Par H.-P. ROBINSON.
Traduit de l'anglais par H. COLARD.

Grand in-8, avec 38 figures d'après des clichés de l'auteur et 1 planche; 1898.. 4 fr

MANUEL PRATIQUE D'HÉLIOGRAVURE EN TAILLE-DOUCE,

Par M. SCHILTZ,

Un volume in-18 jésus; 1899.................................... 1 fr. 75 c.

LE DÉVELOPPEMENT DE L'IMAGE LATENTE EN PHOTOGRAPHIE

Par A. SEYEWETZ,
Sous-Directeur et chef des travaux à l'École de Chimie industrielle de Lyon.

Un volume in-18 jésus; 1899.................................... 2 fr. 75 c.

LA PHOTOGRAPHIE ANIMÉE,

Par E. TRUTAT.
Avec une Préface de M. MAREY.

Un volume grand in-8, avec 146 figures et 1 planche; 1899............ 5 fr

LA PHOTOTYPOGRAVURE A DEMI-TEINTES.

Manuel pratique des procédés de demi-teintes, sur zinc et sur cuivre;
Par Julius VERFASSER.
Traduit de l'anglais par M. E. COUSIN, Secrétaire-agent de la Société française de Photographie.

In-18 jésus, avec 56 figures et 3 planches; 1895........................ 3 fr.

LA PHOTOGRAPHIE DES COULEURS.

Sélection photographique des couleurs primaires. Son application à l'exécution de clichés et de tirages propres à la production d'images polychromes à trois couleurs;

Par Léon VIDAL,
Officier de l'Instruction publique, Professeur à l'École nationale des Arts décoratifs.

In-18 jésus, avec 10 figures et 5 planches en couleurs; 1897..... 2 fr. 75 c.

26739 — Paris, Imp. Gauthier-Villars, 55, quai des Gr.-Augustins.

www.ingramcontent.com/pod-product-compliance
Ingram Content Group UK Ltd.
Pitfield, Milton Keynes, MK11 3LW, UK
UKHW012217240726
13966UKWH00003B/819